若者力

日本農業新聞取材班

筑波書房

はじめに　若者と農山村の力

若者を育む農山村の力、そして農山村を元気にする若者の力。日本農業新聞が創刊90周年を記念して展開したキャンペーン「若者力」は、そんな若者と地域の息吹や潮流を２０１８年３月までの１年間掛けて報道した。若者力と地域の力を徹底して前向きに、明るく描いたルポが特徴だ。

本書は、全国各地の若者と地域の姿を多様な角度から取材してきたキャンペーンの中からよりすぐりの記事や連載を掲載した。

第１部「アグリフロンティア」では、農を核にしたビジネスを実現する７人の若者が登場する。しかし、金儲けに成功した若者像を浮き彫りにしたのではない。根底には、夢を描く若者を応援する地域や人々だった。若者のもがき、挫折しても前を向く姿勢や新たな価値観を等身大で紹介した。

第２部「にぎわいの地」。農山村ににぎわいをもたらす、若者たちの挑戦と受け入れ共に生きる覚悟を決めた３つの地域を深掘りした。若者力を発揮するためには地域の応援が欠かせず、里山や農地、文化や暮らしを守りつないできた農山村があるから若者もここで頑張ろうと思える。そんな姿を追った。

第3部「人財　育てる生かす」は若者が育つ農山村や農家の姿を探った。7つの地域、農家、組織を紹介し、20代の新たな感性を生かし支える柔軟性を持つ現場の動きと、ポイントを解説している。ただ、若者を雇用したり移住させたりするのでは「若者力」は発揮されない。数ではなく一人ひとりと互いに対話し、歩み寄ることが、人財育成の秘訣だということを登場人物は共通して語る。

第4部「つながる」は、しがらみや固定観念や、国境、世代などの壁を超える若者の潮流を描いた。世界に向けて情報発信ができるようになった今、「つながる」力が。

若者たちはなぜ、農山村に向かうのか。第5部「居場所求めて」にはその答えの手がかりを描いた。各地で、新しい仕事や生き方を見出す若者たちは「自分がどんな人生を生きるのか」「自分らしく生きる」などと言う。30歳代前後の声と、関わる人々の眼差しを踏まえ、終身雇用制崩壊など時代背景も紹介した。

第6部が「未来へ」。現場から見えてきた若者と共に切り開く次世代の農業、農山村の姿を展望した。記事に出てくる現場はいずれも、新規就農者が増えるといった成果を上げる〝先進地〟。だがどの地域も、どの若者も、初めから完璧ではなく、試行錯誤や葛藤を乗り越えてきた。だからこそ見えた「関わりしろを育む」「成果急がず対話を」といった提言を紹介する。第7部「未来この手で」の舞台は、若者の存在を認めて新しい風を吹かす若者を政策決定や地域社会の創生に活かすスウェーデンの現場。若者を活かす国づくりをリードする同国には「押し付け」や「同調圧力」が存在しない。若者だけでなく、誰もが、都市でも条件不利地域でも自分らしく、個性豊かに生きることができる同国の現場の潮流や課題を紹介している。

キャンペーン「若者力」では、連載だけでなく、座談会や大学生サークルの紹介、都会からの地域農業の担い手を育てる地域ルポ、インタビューなどさまざまな記事を掲載してきた。NPO法人「中山間地域フォーラム」との共催シンポジウム、大学生たちと仕掛けたFacebook「若者力」の運営、農村文明創生塾による「若者力発揮宣言」とフォーラムなど、新聞紙面以外での発信や協働も展開してきた。

迷い戸惑い、未熟であるのも、若者の特徴だ。農山村に向かう若者たち誰もが「きらきらと輝く」成功者ではない。受け入れる地域も、時にはぶつかり、悩み葛藤しながら、ともに手を携える。そこに「若者力」が芽生える。

性急な外国人労働者の受け入れ拡大や非正規雇用の増大など、時代や政府が求める労働のあり方には、人を人として見ていないような側面が見え隠れし、農山村に向かう若者たちからは、〝官製労働〟を無自覚にも否定しているようにも思える。取材では暮らしと仕事がつながり、自分の人生をつくりたいという若者たちが向かう農山村の力にも、改めて気付かされた。農山村の代名詞のように言われがちな「過疎地」や「高齢化」。そして農業や農家に対しては「所得向上」「規模拡大」が血気盛んに求められている。しかし、若者と地域を取材すると、決してそんな言葉には集約できない双方の価値が見えてきた。

キャンペーンは2018年度の農業ジャーナリストを受賞した。1年間、協力者や読者に支えられ、取材に行くたびに元気になり、もらった新たな刺激を次の取材の糧にすることで完成したキャンペーン。お世話になったたくさんの若者たち、大学研究者、若者の移住や新規就農を後押しする各団体、そして地域の皆さんのおかげがあってこその受賞だ。お世話になった人の具体的な名前はここでは出さないが、感謝の気持ちをこの本に込めたい。そして、キャンペーンは終わったが、農業や農山村の価値を発信する使命を持つ日本農業新聞として、今後も真摯に「若者力」の価値を取材、発信していきたい。

本となった「若者力」が、今、農業を営むすべての人や農業に関する仕事を持つ人、農村に生きる人々、農山村を目指す若者たちの目に止まり、若者力を育んでいくための何らかのヒントになれば幸いである。

2019年5月

キャンペーン「若者力」取材班

本書は日本農業新聞の紙面（2017～2018年3月）に掲載したものを収録し、ごく一部を加筆・修正している。文中の登場人物の所属、肩書き、年齢などは、原則として当時のままとしている。

目次

第5部　居場所求めて

第6部　未来へ

第8部　若者力

農村×若者へのメッセージ1　女優　有村架純さん

誇り持ち　これからも　農業はかっこいい

農業はかっこいい。農業は、自身が作るものに誇りを持てる職業。農家を継ぐ、農家になるという若い人の決断は、ものすごく重くて立派だと思う。若い農家には、職業がたくさん世の中にある中で、「農業をやっていくんだ」と、自分で決めた道を誇りに思って進んでほしい。米や野菜を作っていることを自信を持ち、活力にしてほしい。

ベテランの大人たちの支えになれるように頑張ってほしいなと、若い農家にエールを送りたい。

NHK朝の連続テレビ小説「ひよっこ」で、主人公のみね子役を演じている。みね子は、茨城の小さな農家に生まれ育ち、おっとりとのんびりとした性格。茨城の生活が好きで、高校卒業後は、畑仕事をする予定だったが、東京に出稼ぎに行った父が行方不明になり、集団就職での上京を決意する。さまざまな経験をしながら、主人公が成長していく姿を見てほしい。

茨城にいる時のみね子と、東京にいる時のみね子の気持ちはどこか違う。そして、本当の24歳

女優
有村架純さん

の等身大の私とも違う。みね子は何も知らないところからどんどん成長していく。そこが魅力。

みね子は農業も田畑も大好きで、米や野菜、古里を大切にしている。役作りでは、まずお米を3食きちんと食べることを意識した。体にどういう影響があるのか、感じたかったから。日頃は意識していなかったけれど、しっかりとお米を食べてみたことで、発見があった。改めてお米のおいしさと向き合うことができ、農家と距離が近づけたような気持ちになった。

茨城県の農村での撮影の時。地元の農家が全面協力してくれて、農家の温かさが身に染みた。忘れられないのは稲刈り。とても大変だということを実感した。今は農作業は機械化が進んでいるけれど、「ひよっこ」の時代（1964年）は、耕すのも刈るのも全て自分たちの力でやらなければいけない。手作業は苦労の連続だということがよく分かった。

当時、当たり前のように手で耕し米を作っていた農家に対し、尊敬の気持ちを感じる。当時の農家の体力の源は、お米を食べていたからじゃないのかな。当時の食生活、文化はお米で成り立っていたのだと思う。

舞台が東京に移り、これからは、ドラマの中で畑や農村の風景は減ってしまう。それでも、みね子の中では、畑を忘れたわけではない。思いは古里にある。東京に暮らしていても、茨城県産の野菜を見ればうれしくなる。茨城県はハクサイなど生産量が1位の野菜がたくさんある。それは誇りになる。

私も、出身地の兵庫県産の野菜や米を見るとうれしくなり、自然と選んでしまう。勝手に愛着を感じる。人は、自分が住んできた県や町に対し地元愛があって生きている。農家には、結果的に古里を離れた人たちでも、地元に思いを持って生きている消費者がいることを思っていてもらいたい。自分たちが育てている野菜に誇りを持って、今後も大切に愛情を込めて消費者に届けてほしい。

〈プロフィル〉ありむら・かすみ

１９９３年生まれ、兵庫県伊丹市出身。２０１０年に女優デビュー。連続テレビ小説「あまちゃん」でブレークし、現在、「ひよっこ」のヒロイン役を好演する。ドラマやＣＭ、映画など幅広く活躍。映画「ビリギャル」で日本アカデミー賞優秀主演女優賞などを受賞。第67回紅白歌合戦の紅組司会を務めた。

第1部

アグリフロンティア

若者の力が、農業を舞台にしたビジネスに変革を起こしている。既成概念にとらわれない自由な発想が、推進力となり、その動きが大きなうねりとなっている。キャンペーン第1部では、若者が先頭に立つ、農業ビジネスの最先端を追った。

アグリフロンティア

1　年商139億円の牛飼い　畜産ギガファーム率いる〝怪物〟

延與　雄一郎さん（39）（北海道上士幌町）

社員は口をそろえる。「怪物」。北海道上士幌町の延與《えんよ》雄一郎《ゆういちろう》（39）さんは、わずか10年で畜産のギガファームを築き上げた。

年商139億円、牛の飼養頭数2万1000頭、従業員290人。国内最大級の畜産グループを率いる総帥だ。

肉牛、酪農、食品の3部門、10の会社からなる「ノベルズグループ」。社員の平均年齢は33歳。肥育、育成、酪農合わせて八つの牧場は、若い社員が切り盛りする。

社員は毎日、データを追う。乳量、事故率、餌量、出荷体重、平均体温……。数字が悪くなれば、すぐに社長の延與さんから改善策の提出を求められる。

「数字はうそをつかない。言い訳は一切聞かない」と延與さん。妥協を許さない経営者の厳しい一面。一方で、社員との飲み会では、屈託なく世話好きな顔を見せる。誰かのグラスが空けばいち早く気付いてビールを注ぐ。自ら肉を焼き、社員に取り分ける。コミュニケーションを欠かさない。

トップと社員の意思疎通が、成長を支える。東京五輪・パラリンピックが開かれる2020年には、売り上げ300億円を計画。「成功するイメージを思い浮かべ、実行する。それだけだ」と言い切る。

頂点に立つことを常に考えてきた。根底に、幼心に染み付いた反骨心がある。地域への深い愛情がある。この思いが青年実業家を突き動かす。

「日本一の畜産農家になる」。小学3年生から口癖になった。「ノベルズグループ」のトップに立つ〝怪物〟。今も事あるごとに発する「勝つ」の言葉。でも、誰かを蹴落としたいわけではない。元々は、大きなトラクターを、良い牛を買いたかった。

大勢の若手社員を率いる延與社長（中央）。「技術で世界一を目指すと意気込む」（北海道上士幌町で）

乳雄牛の肥育牧場で生まれ育った。脱サラで始めた父の経営。大きな借金がのしかかっていることは子ども心に感じた。親に欲しいものを言い出せなかった。同級生の家には大きなトラクターがあった。父に付いて行くせりでは、大きい牧場が良い牛を独占した。悔しかった。

■米国に手本なし

高校卒業後に、渡米。「日本一になるために、でっかい牧場を知っておきたかった」。見渡す限りの草原。6000平方キロの牧場で1年研修した。だが、「規模だけ」（延與さん）の米国に理想像はなかった。

帰国後、就農。新技術「1産取り肥育」に挑んだ。交雑種（F1）に和牛の受精卵を移植し繁殖。出産後の親牛はブランド「十勝ハーブ牛」として売る。子牛と肉牛の双方で稼ぐ。「圧倒的に勝てるビジネスモデル」と直感した。しかし——。

受精卵が取れない、受胎しない。失敗の連続だった。眠れない夜が続いた。「できるわけがない」「どうせ肉質が悪いだろう」。周囲の辛辣《しんらつ》な評価に奮い立った。経営データを数値化して検証、改善の繰り返し。2年間苦しみ、確固たる技術にした。

2006年、「ノベルズ」を設立。和牛子牛の低迷が襲う11年。

若い牧場長たちと話す延與雄一郎社長（右から2人目）

あえて、地域の倒産寸前の牧場を買った。「どん底の市況は必ず上向く」。供給が需要に追い付かない今の牛相場が、当時、既にイメージできていた。

■一流人材ぞろい

八つの牧場にはトップの思いをくみ取るリーダーがそろう。スタッフ50人の司令塔を担う小樽市出身のノベルズ牧場長、三上濃さん（34）は「社長の熱を社員に伝導させていく。規模が大きくなるほど、社員が相談しやすい環境をつくる」。勢いのあるベンチャー企業の雰囲気を発散する。

グループが引き寄せるのは、若者だけではない。飼料設計、酪農、総務、経営コンサルタントと、それぞれの分野のエキスパート、一流の人材を引き抜く。

延與さんが目指す頂点とは何か。追い求めてきたのは「規模だけ、自分だけ、今だけ」の強い農業ではない。地域で独り勝ちしたいわけでもない。一貫して「地域との共生」や「持続可能性」を重視してきた。そして、今に至る。

■畑作農家と連携

乳牛の飼料向け「デントコーン」。十勝地方の畑作

生まれたばかりの子牛を大事に抱きかかえて運ぶ従業員

農家の輪作の一環にするべく、２０１７年から本格的に連携に動きだした。預託農家や畑作農家ら、連携する農家は50に上る。今後も人数を増やす計画だ。

5月に稼働したバイオガスプラント。電力と液肥を地元に還元する。地域を思い、土壌リスクを減らすために、必要な投資をする。

決して、無鉄砲ではない。全て成功図をイメージし、商機を見据える。「壁があるほど楽しい」と言ってのける。自分を鼓舞するために。

右肩上がりの経営者の次の戦略は「世界一」。知る者は誰も、ビッグマウスとは思わない。これまでも有言実行してきた。世界一の畜産技術を確立する。若き経営者に、そのイメージははっきりと見えている。

〈メモ〉

ノベルズの社員の平均年齢は33歳。20代も多く活躍する。一方、２０１６年の全国の農家の平均年齢は66・4歳で高齢化が進む。酪農家、肉牛の農家戸数は減少し離農が顕著だ。和牛子牛の価格は11年38万円から16年81・2万円と高騰。ノベルズは市場需要に応える体制を敷く。

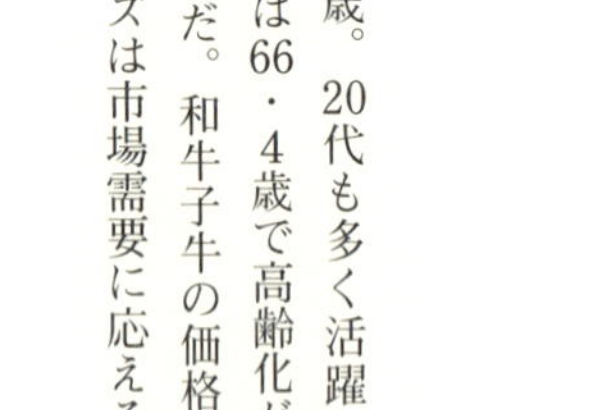

アグリフロンティア

2　売れる甘酒　月5万本　過疎地発——6次化ミラクル

佐伯勝彦さん（31）　絵里子さん（30）（宮崎県高千穂町）

若い夫婦の挑戦が、奥深い山里に商機を手繰り寄せた。「天孫降臨」で知られる宮崎県高千穂町。町の中心から山道を車で30分走ると、秋元集落が広がる。40戸１００人がひっそりと暮らす過疎の村だ。小さな村から、甘酒のお化けブランド「ちほまろ」が生まれた。月５万本を売り上げる。

発案者は佐伯勝彦さん（31）と、絵里子さん（30）夫妻。棚田で米を作り農家民宿も営む農業生産法人「高千穂ムラたび」のメンバーだ。

ちほまろは、米こうじの甘酒にひと手間かけ、植物性乳酸で発酵。優しい甘酸っぱさと、すっきりとした喉越し。無添加だが、常温保存で賞味期限は８カ月。折からの甘酒ブームに乗って、

甘酒の出来具合を確かめる佐伯さん夫妻（宮崎県高千穂町で）

美容、健康志向の消費者の心をつかんだ。

販売から3年弱。売り上げは年間1億円に迫る。2人が１０００を超す業者に飛び込み営業をしてつかみ取った。そして、ムラたびは、念願だった若者雇用を実現した。その数11人。20、30代が中心。集落外から元気にムラに通う。

原料の米は、集落内の棚田で栽培した「ヒノヒカリ」を農家から買い取る。契約面積は３ヘクタール、枚数は１００枚以上。手の施しようがなかった耕作放棄地の拡大に歯止めがかかった。農家の収入が上向いてきた。

「若い人たちが集落を離れていく。若者を雇用できる場所が欲しい」。親世代の嘆きと夢を聞いて育った絵里子さん。夫と二人三脚で起こしたミラクルは、まだ始まったばかりだ。

「ちほまろ」の大ヒットは、集落にわくわく感を生んだ。40アールで甘酒向けの米を作る農

秋元集落で甘酒を製造する高千穂ムラたびの従業員たち（宮崎県高千穂）

家、飯干孝明さん（68）。「規模拡大も効率化もできない棚田の米。割高で買ってくれるのはありがたい」。感謝の思いを語る。

■社食は農家食堂

秋元集落には女性農業者らが経営する食堂がある。「古民家のめしやしんたく」。観光客向けに開業したが、厳しい経営が続いていた。2017年から農業生産法人「高千穂ムラたび」が社員食堂に指定した。600円の定食の半額を負担する。経営は上向いてきた。「こんなに自然豊かで、水がきれいな場所はない。後継者不足でムラが消えるのは嫌だと思っていた」。経営に携わる飯干征子さん（75）は、若い社員が通う喜びをかみしめる。

社員食堂を提案したのは佐伯勝彦さん。「敵を倒すために主人公がレベルアップするゲームと同じ感覚。社の目標を達成する手法を実行しただけ」。社命に「未来のムラづくり」を掲げる。明るく、軽やかに、前へ。

集落にある農家食堂「古民家のめしやしんたく」は、ムラたびの社員食堂になっている

秋元集落の9割以上は「飯干《いいほし》」姓を名乗る。高齢者から幼い子どもまで、誰もが名前で呼び合う。人と人との距離が短い集落で、勝彦さんの妻、絵里子さんは父の淳志さん（62）の背中を見ながら育った。

淳志さんは過疎の村を盛り上げようと、都市住民との交流活動に力を入れてきた。緑が映える山の風景、地元の産物を生かす食の知恵。長い歴史を誇る神楽。訪れた人たちがこの村に感動する姿を、絵里子さんは幼い時から目にしてきた。

親の世代が道を開いた都市農村交流に、新たな一手を加える。それが、若い夫婦のスタートラインだった。

■新奇性こだわり

当初目を付けたのは、どぶろく。製造免許を取得し、商品化した。カーナビで「酒」と検索して出る県内のほぼ全店を訪ね、売り込んだ。だが、思うように売れない。根本的な問題もあった。勝彦さんは下戸。さすがに営業に限界があった。

「甘酒なら、子どもから大人まで誰でも飲める」。発想を転換した。ありきたりの甘酒ではヒットは望めない。こだわったのが「新奇性」。何百もの候補から植物性乳酸菌に着目。1年にわたり商品改善を重ねた。

販路開拓はさらに汗をかいた。客のふりをしてスーパーに入り、店長を探しては交渉。2人が店頭に立った試飲販売は何百回にも及ぶ。湧き水が流れる集落の写真を見せ必死に売った。催事や商談イベント。バイヤーと会える機会は逃さない。

根気強い営業が、次第に大手バイヤーの目に留まった。ブームが起こり始めていた甘酒のラインアップを求めていた。百貨店や高級スーパーの売り場への回路がつながっていった。

現在、契約する取引先は２００を超える。ネットでの注文も舞い込む。絵里子さんは思い出す。「何も怖くなかった。体育祭のようなノリで営業しまくった。若さです」。がむしゃらさが幸運の女神の前髪をつかんだ。

■親世代の夢実現

「若者を雇用する拠点」――。60歳を超えた親世代の長年の夢が実現した。「中山間地域でも希望を見いだせる事業戦略ができた。ちほまろを売ることは、地域の良さを広めること」。絵里子さんの言葉に、勝彦さんが笑顔でうなずく。

次に2人が狙うのは海外市場だ。欧州連合（ＥＵ）、アジア、米国へ。今春、１５００本以上を試験輸出し、手応えをつかんだ。「農村も都会も海外も、垣根はそんなに高くない」（勝彦さん）。気負いなく、世界に挑む。

〈メモ〉

農水省によると、農作物を加工する6次産業化に取り組む事業体は2万6660。JAや大手企業以外の大半は、地域の直売所や道の駅での販売が中心だ。「ちほまろ」は大規模な製造工場を構える大手企業飲料メーカーや酒造会社と並んで全国のデパートなどで販売。インターネットでも流通する。流通業者や経営コンサルタントが、小さな製造所で限られた人数が作り出す生産性、伸ばした売り上げの推移に驚くという。甘酒ブームだが、消え去った商品も数多くある。

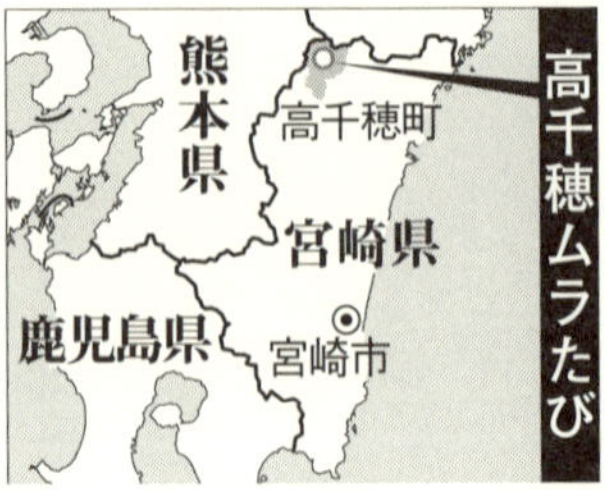

アグリフロンティア

3　中古農機　顧客88カ国　〝世界〟相手に17年、年商12億円

幸田　伸一さん（37）（鳥取市）

倉庫に所狭しと並ぶ使い古されたトラクターやコンバイン、草刈り機。一人のベンチャーが、中古農機の国際市場を切り開いた。「旺方《おうほう》トレーディング」（鳥取市）社長の幸田伸一さん（37）。業界初の仕組みを作った。鳥取を拠点に世界88カ国に輸出。国内の新規就農者ら、中古農機を求める人々へも販売する。

経営のモットーは明快だ。「固定観念が農業の可能性を狭める。政府や人に文句を言っても始まらない。自分がやる」

21歳。創業時の資金は20万円と、軽トラック1台。それから17年の歳月を経て、年商12億円、社員45人を擁する企業に成長した。景気低迷や人手不足に悩む地方の中小企業で異彩を放つ。

世界の農業界の商慣習や法律に翻弄《ほんろう》され、売上金をだまし取られたこともある。危機に陥ると、脳裏には農機と関わりの深い農家の顔が浮かぶ。亡くなった夫の農機が再利用されることに涙を流す女性。中古農機を受け取るエジプト男性の笑顔。「きれい事じゃなく、いつしか仕事をやめられない環境になった」

実家は梨農家。「農業はもうからない」。地域の農家から幾たびも聞いて育った。農業を

幸田社長が陣頭指揮をとる「旺方トレーディング」には、海外輸出を待つ中古農機がずらりと並ぶ（鳥取市で）

支える実業家になることが、親孝行にもなる。いつしかそんな思いも芽生えた。

負けん気、根性が持ち味だ。目先の利益にとらわれない。一歩先を読む投資を惜しまない。社員は言う。「社長から愚痴を聞いたことは、一度もない」。社の成長は右肩上がり。毎年1億円ずつ、年商を伸ばす。

世界を飛び回る幸田伸一さんは、日本にいれば、若手社員を連れて山中に入る。

鳥取市余戸集落。住民は37戸、高齢化率は6割。集落の共同作業に出る地元の若者はほとんどいない。旺方トレーディングは、農家との共同作業で水路の掃除やパイプの設置・埋設に励む。一歩間違えばけがをする、危険な山での作業。2015年から集落の農家と交流し、山奥の水路掃除などを手伝う。農家の谷上右近さん（61）は「若い人がやってくれれば、1週間かかる作業も1日で済む」と感謝する。

山林に分け入って水路の掃除に汗を流す幸田社長（中央）と地域の農家ら（鳥取市で）

■効率化でなく……

グローバルに活動する男が、山奥の水路に何を見いだすのか。「農業の効率化では語れない部分や、地域の理念を大切にしないと、商売は長続きも成長もしない」

中古農機を集めるため、全国を飛び回り、たくさんの農家と会話を重ねた。次第に、確立された経営の哲学。「1人の勝ち組ではなく、兼業や小規模の農家も含めて地域農業全体を支える企業になる」。仕事以外に現場の農家と交流する中で見えてくる価値を「若い社員に感じてほしい」と願う。

■ 全国で買い取り

起業は直感だった。高校卒業後、廃品回収業の会社員をした。自動車やバイクの買い取りはあるが、中古農機はないことに気付いた。可能性を感じた。

農機販売店などに片っ端から電話。農機や車の販売店に突撃訪問を繰り返した。不要な中古農機があると聞けば、青森や鹿児島までトラックを走らせた。転機は、鳥取砂丘で出会ったエジプトの研究者。母国で中古農機を求めていることを聞き付け、輸出に初挑戦した。手続きも分からなければ、代金回収の保証もない。賭けだった。

エジプトの農家から驚くほど喜ばれた。手応えをつかみ、海外に打って出る覚悟を決めた。困難は次々と襲ってきた。スリランカでは輸出後に代金回収ができずに売上金をだまし取られた。08年のリーマン・ショックで輸出中心の経営は大打撃を受けた。銀行には「若いから」と融資を断られた。

徹底した現場主義で課題を乗り越えた。現場には必ずヒントが転がっている。アジアを回ると、山奥の農村でもインターネットが普及していることを知った。ネットでの注文受け付けがヒットした。リーマン・ショックを契機に買い取りサイトを立ち上げた。中間マージンの発生しない農家からの直接買い取りにシフト。経営は持ち直し、今では年間5000台の中古農機を国内外に売り出す。

17年間、睡眠は平均3時間。仕事のことが頭を離れない。年に1日だけ休む元日は、必ず高熱が出る。張り詰めた日々の中で「若いからこそ、突っ走ってこれた。50歳、60歳になってこの生活は無理」と本音を漏らす。

2016年、業界有志と「日本中古農機具流通協会」を設立した。中古農機具の検査基準の統一を目指す。複数のバイヤーがせりで落札するオークション。中古農機を売る新たな流通網を構築する戦略だ。

■手紙に励まされ

社には毎日、農家やその家族から感謝の手紙が届く。忙しくても、必ず手に取る。「中古農機には1台ごとに秘められた物語がある。挑戦する心が芽生える」。年齢を重ね、企業が大きくなり、守りに入りそうになるときもある。それでも、手紙が鼓舞してくれる。

原点は、農村を支える企業になる。「未来志向」。常に、言い聞かせている。

〈メモ〉

日本の中古農機は数十年前の製品でも高品質で頑丈なため、アジアを中心に需要が高い。日本中古農機具流通協会によると、中古農機具を売買する業者は７００以上。旺方トレーディングが先駆けて市場を開拓し、業界最大手の地位を築いた。旺方トレーディングの成功で、近年、参入企業が急増している。

４　農地１００ヘクタール超　地域の農地担う女性代表

海道　瑞穂さん（31）（富山県入善町）

富山県入善町の農業生産法人「アグリたきもと」。米・大豆の栽培面積が２０１７年、１００ヘクタールの大台を超えた。町の農地集積の中核組織。その先頭に海道瑞穂さん（31）が立つ。

24歳から代表を務める。就農から10年、面積は7倍に広がった。

「先祖代々受け継いできた大切な農地を引き受ける。頼まれたら断れないし、きっちりと仕事をしたい。そこに年齢も性別も関係ない」と言い切る。

男社会の農業。当初は周囲の厳しい声もあった。「若い女の子の代表に、何ができる」「農業は甘くない。続けられるのか」。周囲の目を、農業に取り組む姿勢を見せることで変えてきた。

大型特殊やフォークリフトの免許を男性に混じって取得。春の農繁期は朝から晩まで8時間以上、トラクターに乗り続けた。朝晩の水田の水管理は自らやらないと気が済まない。その積み重ね。農地が自然と集まった。

〝愛車〟のトラクターの運転席に鏡がそっと掛かる。農業の合間にファンデーションを整え、アイラインを引く。農業の一般に持たれているイメージを「汚い」「きつい」「稼げない」と考える。それを変えたい。自ら実践する。農家も社会人。外で人に会う機会の多い農業だからこそ身だしなみにこだわる。

「農業をしている姿を地域に見せることが信頼につながる。信頼なくして、農地は集まらない」。自らの経験

トラクターの中で化粧を直す海道代表。
農作業中も女性らしさを大切にしている
（富山県入善町で）

に基づく信念。女性の感性が、地域農業をけん引する。

２０１７年３月、富山県入善町蛇沢地区に、外観がグレーでモダンな建物が建った。農業生産法人「アグリたきもと」の新事務所だ。女性専用の休憩室を設け、ソファを置いた。同じ部屋に化粧台を設置。分煙を徹底した。トイレも男女別にし、清潔感のある内装にした。

■働きやすい環境

海道さんのこだわり。「農業は女性が活躍できる職業。働きやすい環境を整えて、気持ち良く仕事をしたい」

代表の部屋にはお気に入りのシャンデリアが下がる。乾燥・調製施設の作業場の柱はピンクにした。遊び心と自由な発想が農業に生きる。

父の滝本敏さん（57）が、２００３年にサラリーマンを辞めてひと足先に就農した。1・5ヘクタールから始めた農地面積は3年目に15ヘクタールに拡大。だがここで、問題が生じた。敏さんが腰のヘルニアを発症し、手術。１人の労力では限界だった。

父の苦労する姿を見ていられなかった。デザイン系の専

いつも家族の笑いの中心にいる海道社長（左から２人目）

門学校を卒業し、母のみどりさん（57）と共に就農。20歳だった。

周囲がこう言っていたことを後から聞いた。「農業をやったことのないサラリーマン上がりと、社会にも出ていない娘。できるわけがない」

腰に〝爆弾〟を抱える父に代わり、慣れない農機との格闘。トラクター、田植え機、コンバインなどを使う作業はほぼ1人で担った。習うより慣れろ。秋の米の袋詰め作業も連日深夜まで続いた。「この時期が一番つらかった」。20代前半は農作業に追われた。その姿を見て、地域の見方が変わった。

忘れられない思い出がある。いつものように、トラクターに乗って作業をしていた。70歳を超えたおばあちゃんが手を振りながら、近づいてきた。「毎日、頑張ってるね。来年はうちの田んぼをやってくれんか」。地域は見ていてくれた。うれしかった。

■24歳トップ就任

栽培面積が米と大豆で40ヘクタールを超えた10年3月。念願の法人化を果たす。父は言った。「代表は瑞穂、お前がやれ」。24歳の女性代表が誕生した。

それからも面積は伸び続ける。12年に50ヘクタール、15年に80ヘクタール、2017年ついに100ヘクタール。この間、竜巻でハウスが2棟土台ごと飛ばされるなどの苦難もあった。家族で乗り越えてきた。今では4人を雇用。売り上げは1億円に迫る。

ＪＡみな穂西部支店経済課の野坂智生営農指導員は「若いから心配が、若いから任せたいに変わった。先祖から受け継いだ農地を、今後何十年も任せられる。瑞穂が地域の〝安心〟になった」。

■経営者の自覚も

米生産調整は18年産から見直される。価格動向がどうなるのか。まだ、見通しにくい。その前に、新たな一手を打つ。コスト削減につながる密苗技術を15ヘクタール導入。スマート農業技術の一つ。育苗箱に、従来の1・5倍の種もみを育てることで、使う苗箱が減少。資材費と労力を抑えられる。「拡大を進める上で、必要な技術だ」（海道さん）と位置付ける。

経営者としてのスキルを上げる。今年の目標だ。税理士事務所に月に1回通う。税理士と2時間、経営の現状を分析し今後の経営方針について話し合う。米のインターネット販売や輸出戦略も練る。自分がどんな経営者になりたいのかを見つめ直す。農家から実業家へ。さらに〝上〟を目指す。

事務所で、一人パソコンと向き合う。頭上にはお気に入りのシャンデリアがかかる

〈メモ〉

政府は、2023年度までに担い手への農地の集積率を8割に高める目標を掲げるが、16年度で5割にとどまる。16年度に担い手に集まった面積は6万2000ヘクタールで、目標の15万ヘクタールを大きく下回っている。富山県入善町では、16年度に前年度を5ヘクタール上回る67ヘクタールを担い手に集積。担い手への集積率は7割を超える。担い手への集積が進んでいる先進地の一つとなっている。

アグリフロンティア

5 起業連鎖 5年で50件 シャッター通りに変革

てごねっと石見（島根県江津市）

変革が起こっているのは、過疎地、島根県江津市だ。地方によく見るさびれた商店街。その空き店舗のシャッターが開き、光りが次々と差し込む。

店舗の改装業、農業参入、多世代が集えるカフェの開業……。地域の課題を解決する「ソーシャルビジネス」を支えるのはＮＰＯ法人てごねっと石見。てごねっと関連の若者の起業が約50件誕生した。その活躍する姿を見て、次の若者が集まる。「起業の連鎖」が、江津市を舞台に起きている。

空き家リフォームで起業した平下茂親さん（36）。「農村では都会にはない自由で個性的なビジネスができる」。海外で建築を学び、古里に生きることを決めた。パクチーを栽培する農家、原田真宜さん（28）は神奈川県出身。東京の会社員から脱サラした。「時代は農業と農村。可能性にあふれている」

農村の資源を使って、そこでしか作れない物を作る醍醐味《だいごみ》を追求する移住者もいる。ユズなどで香り付けした地ビール。横浜市出身の山口梓さん（39）が開発した。２０１５年に立ち上げた「石見麦酒」は、初年度２０００万円の売り上げ。融資する金融機関が驚いたほどの順調経営だ。「地域の農作物を使うと消費者の共感が強まり、売り上げも上がる。農村で作る商品

島根県江津市で活躍する起業家。左から、石見麦酒の山口さん、パクチー農家の原田さん、デザイナーの平下さん（島根県江津市で）

には物語がある」。山口さんは戦略を練る。

企業が撤退したまちに、新しい視点を持った若き経営者が、移住する。つながり合い、支え合うことで、ビジネスを発展させている。

なぜ島根県江津市に、若者の起業が増えたのか。２０１０年から行う農村の課題を解決するビジネスのアイデアを募るコンテスト。これが若者の心に火を付けた。住民や若者で組織化したＮＰＯ法人「てごねっと石見」が仕掛ける。

波及効果が広がる。市の商工団体によると、２０１６年までの5年間の新規創業数は約１３０。11年以前に比べて倍以上のペースで、ビジネスが生まれている。

てごねっと石見代表で兼業農家の横田学さん(67)がうれしそうに話す。「こんな田舎で事業が成功するはずがない。それが住民の思い込みだったことは、次々とビジネスを成功させる若者たちが証明した」

■空き店舗を再生

若き経営者の先頭を走る「デザインオフィスすきもの」の社長、平下茂親さん(36)。創業5年で2億円を売り上げた。12人を正社員として雇用。朽ち果てそうな農作業小屋や古い家、商店街の空き店舗。おしゃれによみがえらせるセンスが話題を呼び、注文が殺到。50以上の建物をよみがえらせた。

平下さんは、東京やニューヨークに住んだ経験がある。どこに住んでも、古里への思いは消えなかった。12年に帰郷。改装に使う木材は地元産にこだわる。「農村はナリワイが結び付き、地域内で経済を回せる」。デザイン力で古い建物に新たな命を吹き込み、街の風景を変えた。

平下さんが改築した店舗で、4月にカフェを開いた同市出身の徳田恵子さん（28）と佐々木香織さん（28）。コンセプトは田畑を感じるカフェ。地産地消の食材にこだわり、多世代の住民が集う場所を目指す。夢をたずねると2人の声がそろった。「経営を成功させ、応援してくれた家族や仲間に恩返ししたい」

インターネット交流サイト（ＳＮＳ）をフル活用して店の情報を発信する。目標だった月70万円の売り上げは、起業1カ月で達成した。

■濃い関わり幸せ

東京の大手企業を退職した神奈川県川崎市出身の原田真宜さん（28）。16年夏。先に移住していた先輩に誘われ、移り住んだ。「自分の手でワクワクする農業をしたい」。選んだ作物はブームのパクチー。耕作放棄地を耕し、仲間と農業生産

28歳の同級生、徳田さんと佐々木さんが起業したカフェには若者が集まる交流の場になっている。

法人の経営を始めた。

水耕栽培施設は手作り。水路工事も自力で行い、初期投資は通常の2割以下に抑えた。一方、想像以上の草刈りの大変さ、予期せぬ病害虫の発生に直面。農業の奥深さと厳しさを思い知らされた。それでも「おいしいと言われることがこんなにも幸せとは知らなかった」。達成感は強い。

交通が不便で買い物が好きにできない住民に、温かいランチを届けたい——。この思いからキッチンカーを始めた枡智裕さん（31）。出身地の神奈川県で勤めていた飲食店を退職し、妻の故郷に移住した。「自然、人、土地との濃い関わり。これが経営に生きている」

江津市出身で市のタウンマネジャーを務める盆子原照晶さん（32）は、東京からUターンして驚いた。高校時代までの古里の印象は「閉鎖的、閑散、暗い」。今、同世代の手で活気づいた古里が好きだ。「元気のない江津のイメージは消えた」。チャレンジ精神と固定観念にとらわれない若者。新しい発想を応援し、育む覚悟を決めた農村。地域の力と若者の力によるビジネスが、町の姿を変えつつある。

地域の課題を事業に変える「ソーシャルビジネス」。人口減少、高齢化、商店街の閉店、耕作放棄地の増加……。影の部分として、否定的に捉えられ

キッチンカーを営む枡さん夫妻

てきたことが、もうけの種になる。そんな新たな時代の最前線を江津市で見ることができる。

〈メモ〉

厚労省雇用保険課によると、事業所開業数は２０１６年度全国で11万９７８０。東京商工リサーチによると、16年の全国の社長の平均年齢は61・19歳で、高齢化が進む。全国の商店街の空き店舗化も深刻な問題だ。島根県江津市は20、30歳代を中心とした起業が目立つだけでなく、駅前の商店街の空き店舗が年々解消され、ほぼ埋まっている。

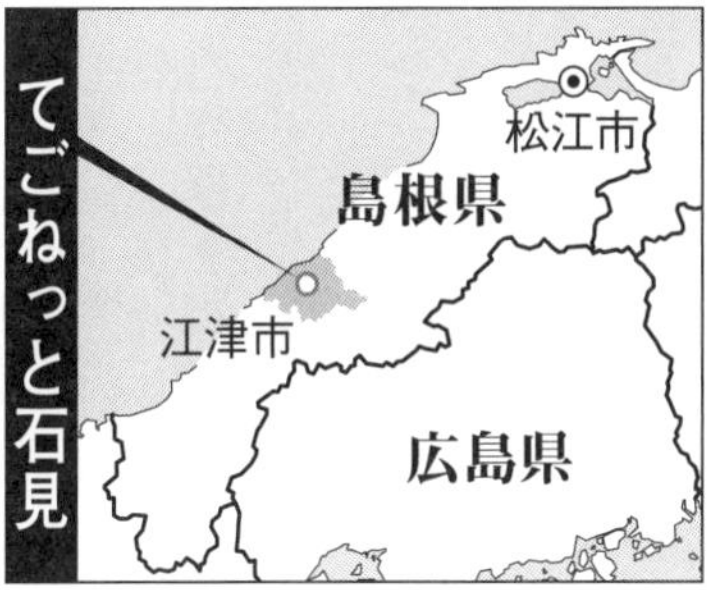

6　敏腕　養鶏軸に６０００万円　山里に活気呼ぶ女性移住者

小松圭子さん（34）（高知県安芸市）

販売単価は１００グラム７００円を超える、日本最高級の鶏肉。適度な歯応えと、かむほどに出てくるうま味。その名は「土佐ジロー」。若い移住女性はこの鶏と出合い、「限界集落」といわれる山里ににぎわいをもたらした。

高知県安芸市畑山集落。人口は40人。その7割が高齢者だ。この地で農業法人「はたやま夢楽」の代表、小松圭子さん（34）は年商6000万円をたたき出す。子ども2人を産み育て、20、30代の移住者2人を迎え入れた。集落に希望が芽吹き始めた。

2010年、地元の農家、靖一さん（59）と結婚し、愛媛県から移住した。「夫と25歳離れた年の差婚」「土佐ジローで地域活性化」。山間地への移住は、物珍しさもあり50以上の新聞、雑誌、テレビが取り上げた。

そんな横顔だけがクローズアップされる圭子さんには秘められた経営手腕がある。徹底した経費削減、広報戦略、商談能力、広げる人脈……。冷静で落ち着いた口調の一方、経営能力を背景に地域への高い志を抱く。

「1000年続いてきた集落を今の価値観でなくしてはいけない。事業として結果を示したい」。夫と共に描く未来の集落がある。

5000羽のジローの飼養と米、ユズの栽培。行政から指定管理を受ける温泉宿、ジロー料理を提供する食堂を営む。経営の底だった移住後から年間1000万円ずつ売り

鶏舎で「土佐ジロー」の世話をする小松圭子さん（高知県安芸市で）

上げを伸ばし、経費は3割以上切り詰めた。「鶏を鶏らしく育てる」。ジローを軸にした経営だからこそ、厳しい過疎集落だからこそ、できる農業を実現した。

小松さん一家と社員以外は高齢者という、小さな山あいの里。そこへ「土佐ジロー」を求める客がたくさん集うようになった。小松さんが経営する「はたやま夢楽」には今春、東京出身の20代の社員も入った。

■若い社員が続々

半世紀で住民が20分の1になった畑山集落。この地で圭子さんは2人の子どもを生んだ。多くの客も、若い社員も呼び込んだ。ジローで活気は、確実に少しずつ戻っている。

圭子さんの改革で「はたやま夢楽」の経営は赤字から黒字に転じた。しかし、生きると決めた小さな集落にはさまざまな考えがある。都市との交流や新参者を歓迎しないお年寄りもいる。相談、交渉する行政の対応が、圭子さんには冷たく映ることがたびたびある。それでも思う、「畑山を残したい」と。

仲間が感心するほど、困難を乗り越えてきた。最大のピ

若手社員らとバーベキューを楽しむ小松さん
(右から３人目)

ンチは東日本大震災の時。日本全体の自粛ムードで、宿の客が激減した。鶏肉の大口の取引先が経営不振で倒産。長年、夫の靖一さんが準備してきた増羽計画も中止に追い込まれた。山間集落の若き革命児も、この時ばかりは人知れず、悔し涙を流した。

■経営改善に奮闘

だが、諦めない。経営改善に向け、できることは何でもやった。宿で出す料理は予約を優先し、日帰り入浴は中止。客単価重視路線に切り替えた。年間7000人を超えた来客数は3000人弱に減った。

取引先は、卸から個人や飲食店にシフト。ジローのおいしさが理解できる飲食店を探し、直談判した。飼料の仕入れを県外から地元の飼料用米に転換するなど、餌代を3割削減。販売先が見つかるまで飼い続けていた飼養期間は、ジローのうま味を最も引き出す150日に徹底した。

小松家だけの孤軍奮闘ではない。応援団ができた。行政との交渉を地元商工会の女性たちが手伝ってくれたり、全国の仲間がピンチを励ましてくれたり。靖一さんは「自分も頑張ってきたつもりだが、（妻は）100倍すごい。たくさんの人とつながり、恐れず経営を工夫していった」と素直に思う。

地元に住み鶏舎で働く辻和代さん（65）は「いろいろ言う人がいても、圭子さんがいなければ会社も集落も続かなかったと思う。人が来るから道路が工事されるようになり、少しだけど道幅が広がっている」と感謝する。

■ 生きる場所求め

愛媛県宇和島市の小さな集落で育った圭子さん。古里への思いを抱き、大学時代は全国の「村おこし」の現場を訪れ、集落のため奮闘するたくさんの人と出会ってきた。靖一さんもその一人。圭子さんは、地方紙の記者になった後も毎年1回、畑山集落を訪れた。生きる場所を探していた27歳、〝押しかけ女房〟のように結婚した。

幼い時から心の奥底には、人口が少ない過疎集落への思い入れがある。「限界集落」、あえてそう表現する。「限界とは本音では思っていない。限界に、可能性を開く」。圭子さんは言い切る。

今も危機に直面している。県が5月にジローのふ化に失敗し、ひなの供給が一時ストップ。損失は数百万円に上る見通しだ。努力ではどうしようもできない事態が突然、襲ってくる。

それでも前を向く。仲間の支えがある。若い社員、子ども

ブランコで遊ぶ小松さん夫婦の子どもたち

がいる。同志の夫がいる。「土佐ジロー」を糧に、〝限界〟の壁を打ち破る。

〈メモ〉
「はたやま夢楽」のある高知県安芸市の畑山集落は、住む人のいなくなった複数の集落跡地を通り過ぎ、15キロ続く細い1車線の道を行くとたどり着く。「土佐ジロー」は、採卵鶏としての飼育が主。小柄なジローは肉用種としての飼育は難しいが、同社が厳しい生産条件の下で極上の鶏肉を生み出している。

7　米　インフラごと輸出　農業ビジネス　海外雄飛

アグリフロンティア

加藤秀明さん（37）（愛知県一宮市）

沖縄・石垣島から南西に300キロ。灼熱《しゃくねつ》の地、台湾。街では2、3人が乗った50ccバイクがせわしく行き交う。

愛知県一宮市、(株)秀農業代表の加藤秀明さん(37)。挑戦の地を踏む。6月末、この1年で6回目の訪台。「いつ来ても暑いね」。額に汗がにじむ。

米12ヘクタールとイチゴ30アールの農家。5月まで全国農協青年組織協議会(JA全青協)理事、愛知県農協青年組織協議会(JA愛知県青協)委員長を務めた。仲間といると笑顔が絶えない。海外に一歩出れば、ビジネスマンの顔に変わる。英語と中国語を使いこなす。日本と海外の垣根はない。

台湾での新ビジネス。単に米、イチゴを輸出するという発想ではない。インフラ輸出プロジェクト。精米技術や鮮度保持、販売・加工などのノウハウをパッケージで輸出する。農産物だけの輸出では、次の展開が広がらない。日本の総合力で勝負する。亜熱帯性気候の台湾でその土台をつくる。その経験を生かし、東南アジア進出を視野に入れる。

これまで、中国・上海で水稲、イチゴを栽培し、販売した経験を持つ。現地の和食の料理店や日系のパン店、駐在する日本人家庭に届けた。

「自分の作った米とイチゴが女性や子どもたちに涙を

愛知県の米、イチゴ農家の加藤秀明さん。ビジネスの可能性を求めて日本と海外を行き来する

流して喜ばれることを海外で経験した。しびれた。農業は世界を豊かにできる」

この確信が、心に火を付ける。世界に広がる農業ビジネス。この可能性が若者を突き動かす。

6月末、2日間で台湾を縦断した。南の高雄市から台北市へ。車での移動距離は300キロ超。加藤さんは分刻みのスケジュール。農会（日本のJAに相当）や行政、若手農業者、米卸の代表と次々に会う。

■台湾で次々商談

彰化県二林の米卸、壽米屋企業有限公司は米輸出の取引先。ガラス張りの会議室で、同社の陳肇浩社長と向き合う。中国語での商談は熱を帯びる。台湾は米の分業化が進む。育苗、田植え、収穫、肥料農薬散布などそれぞれを違う業者が担う。流通は玄米ではなく、もみ。それらの条件を踏まえ、戦略を探る。

秀農業のインフラ輸出プロジェクトは3年計画。その1年目。当面の目標は米12トンの輸出だ。台湾は米の過剰生産が続く。簡単ではない。これまでとは違ったルートや方法を模索する。

台湾への米輸出に向け、現地の米卸と打ち合わせをする加藤さん㊧（台湾・彰化県で）

商談が終わった後、しばらく考え込んだ。さらっと言う。「大丈夫。できるでしょ」。これまで培った海外でのビジネスが土台にある。

■ＩＴからの転身

農業はゼロからのスタートだった。２００６年、大手ＩＴ企業を退社。仕事を探しながら、東京・大手町で何気なく参加した説明会。農業短期研修の案内だった。それが縁。秋田県大潟村で９カ月の農業研修を決意した。ＩＴ企業では、歯を食いしばって朝８時から深夜２時まで働いた。だけど、農業は楽しかった。「ビジネスの可能性が広い。面白い」

夢を持って、地元愛知に戻った。所持金は１００万円。農地は知り合いなどから借りた水田１ヘクタールとイチゴハウス（３アール）。農業だけでは生計が立たない。昼は人材派遣会社の営業、夜はヘッドライトを付けての農作業。１年間続いた。「体力的に厳しかった。若さで乗り切った」。頑張りを認めてくれた地域から稲作の受託農地が増え、専業のめどが立った09年10月。秀農業を設立した。

農業に感じたビジネスの可能性。その可能性を海外に求めた。

秀農業設立から半年。仲間と野菜を原料にしたシフォンケーキを開発。香港の食品展示会に出品すると評判になり、マレーシア、台湾に輸出。海外での販売を一手に引き受けた。11年３月には、共同出資で香港にパン店を開店。２年間営業した。

同時並行で、上海で米とイチゴの栽培を実践。中国の農業研究機関との共同研究という形を取った。IT企業で、中国・大連に勤務した経験が生きた。米は4年、イチゴは3年間続けた。

■気力・情熱・我慢

農産加工の輸出、海外での起業、現地生産のノウハウを積み上げた。「海外では気力と情熱と我慢。農業で外貨を本格的に獲得する時代が必ず来る」と言い切る。

多くの顔を持つ。中国・アジア農業・食品問題研究所主任研究員、こせがれネットワーク東海・中部地区理事、愛知県食品輸出研究会プロジェクト会員。中でも、JA全青協理事まで務めた青年部活動への思いは強い。

地元のJA愛知西青年部の活動に、10年に初めて参加。先輩が快く迎えてくれた。温かかった。ソフトボール大会やサツマイモ植え体験など行事には、忙しくても参加する。優先事項だ。

「同じ農業を営む仲間たちと悩みを共有しながら、一緒に行動し、成長できる。若

JAの青年部でソフトボールを楽しむ加藤さん（愛知県扶桑町で）

者がこれからの時代をつくる。その先頭に立つのが青年部だ」。思いは地域。その原点を胸に、世界に挑戦する。

〈メモ〉
日本の農林水産物・食品輸出実績は２０１６年で７５０３億円と前年比０・７％の微増。うち、米（援助米除く）は27億円（９９８６トン）と前年を21％上回った。台湾は米の輸出先として香港、シンガポールに続く３番手。16年は、３億円（９１０トン）と同20％増えた。農水省は一層の輸出拡大に向け、16年度の補正予算で「食のインフラ輸出に向けた招へい・専門家派遣事業」を決め、秀農業などの取り組みを後押ししている。

農村×若者へのメッセージ2　哲学者　内田樹氏

「地方創生」の愚　田園回帰を迎え導け

日本社会は視野狭窄《きょうさく》状態に陥っている。国の政策も財界の志向も「今だけ・カネだけ・自分だけ」という形容の通り、長期的な国益についての配慮を欠いている。そのために、都市部での雇用環境が際立って悪化している。賃金は上がらず、正規雇用の機会は減る。劣悪な雇用環境が今後も改善する見通しがない中、若者たちは都市部での賃労働者という生き方を見限って、新しい生き方の選択肢を模索し始めている。その一つが地方回帰だ。

おそらく年間数万人が都市部を離れて農村に向かっている。地方移住した若者に理由を聞くと「何となく」と答える。その点が私には興味深い。主導的な理念があるわけではないし、「地方回帰」を促す運動があるわけでもない。自分の内側から発生してきた「思い」に突き動かされて、何かを求めて都市部を離れた。本人が「分からない」なら、私たちもそれについて簡単な説明を与えて、分かった気になることを自制しなければならない。

哲学者
内田樹氏

若者たちの地方移住志向は、政府の「地方創生」政策とは方向が違う。地方創生政策の内実は「地方切り捨て」だ。

端的な例は鉄道の廃線。既に過疎地では、次々と路線の廃止が始まっている。わずかな住民の利便のために多額のコストは負担できないという理屈だ。

しかしそのロジックを許せば、いずれ「わずかな住民の利便のために」道路や橋やトンネルの整備も、行政機関配置も、学校や医療機関の維持も、費用対効果が悪過ぎるから「やらない」ということになる。そうやって社会的インフラを廃棄すれば、その地域はどんな経済活動も営めず、事実上居住不能になる。

そうやって「浮いた」資源を、国はリニアや五輪や万博やカジノといった「すぐに銭になりそうなプロジェクト」に注ぎ込む。だが、この政策が奏功する可能性はゼロだ。今から80年間で日本の人口が5000万人まで減る人口減局面で、高度成長期のような景気浮揚策が成功するはずがない。

それでもなお経済成長にしがみつくならば、首都圏に5000万人を集住させ、他の土地は無住の荒野として放置する都市国家「シンガポール化」以外に解はない。現に「生活の便が悪いというなら、地方を捨てて都会に出ればいい」「補助金で成り立つ農業は要らない」「農産物は輸入すればいい」と考える都市住民も多い。

地域にとどまって農業を継続したいと願う人たちには「先人から継承してきた農地と固有の農

業文化を守り、次世代に伝える義務がある」と愚直に言い続けてほしい。そして、地方移住してくる人々と連携して、地方再生の糸口を何とか見いだしてほしい。

この一連の動きの中でＪＡの存在感はあまりに希薄である。日本の農業をどうしたいのか。「地方切り捨て」にどう抵抗するのか。若者たちの地方回帰をどう迎えるのか。ＪＡは明確な方針を打ち出すべきだ。今ここで指南力を発揮しなければ、ＪＡはその存在理由を見失う。

〈プロフィル〉うちだ・たつる

１９５０年、東京都生まれ。思想家、武道家。神戸女学院大学名誉教授。合気道凱風館館長。専門はフランス現代思想など。『私家版・ユダヤ文化論』で小林秀雄賞。『日本辺境論』で２０１０年新書大賞。『ためらいの倫理学』など著書多数。

第2部

にぎわいの地

20、30代が農業、農村ににぎわいをもたらしている。夢とチャレンジ精神を持って新天地に飛び込み、共同で支え合う地域への敬意も忘れない。そんな若者たちを受け入れ、共に生きる覚悟を決めた地域に、未来の可能性が見える。若者力により、再生していく地域の変革に迫る。

1　鹿児島県十島村　子どもの声　島に畑に

出産ラッシュ　子どもの声　島に畑に　移住支援で秘境に２３９人

■７年で１４１世帯　人口回復へ

鹿児島県の南海に浮かぶトカラ列島、十島村。七つの有人島から成る。南北１６０キロの日本一長い村だ。人口が６００人を割り、消滅が危惧された離島に、若者たちが〝にぎわい〟の奇跡を生み出した。この７年間で１４１世帯、２３９人が移住。保育園ができ、分校が本校になり、出荷組合も立ち上がった。

鹿児島港から船で12時間以上かかる宝島。東京からロサンゼルスに行くより遠い。鹿児島市からの船便は週２便。病院も駐在もない人口１３０人の島が今、出産ラッシュを迎えた。

「島の誰もが子どもを育てる先生。こんな子育て環境、他にない」と保育施設で働く大薗佳奈さん（30）。鹿児島県本土から、宝島の保育士になるために移り住んだ。

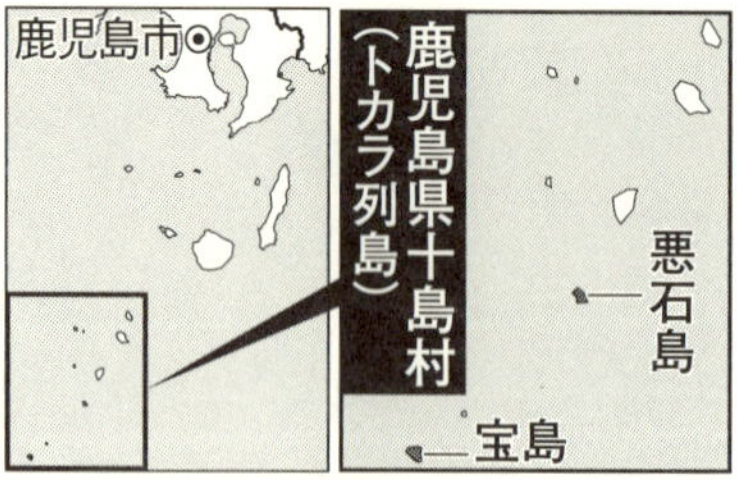

村内の他の三つの島でも保育施設が造られ、さらに年度内に二つの島でも保育園が開園する予

定だ。人口は７００人を超え、４割が30代以下。未就学児は50人にも上る。

宝島では移住者14世帯が子育て中だ。無農薬でバナナを栽培する埼玉県飯能市出身の船水礼さん（26）。「オーガニックで島を有名にしたい」と未来を描く。妻は妊娠中だ。広島県大竹市出身の本名一竹さん（34）は2人の子育て真っ盛り。ジャムなど農産加工を手掛け、地元の人と水産加工の法人も経営する。「６次化で多様な人を宝島に呼び込む」と明るい。

元村長の農家、松下伝男さん（85）が畑の子どもを眺める。「十数年前の島がうそのよう。奇跡が起きている」。以前は出生数ゼロが当たり前。中学を卒業すると誰もが島を離れていった。

■無人化の危機　生き残り懸け

村はかつて八つの有人島だった。畜産、漁業が

出産ラッシュの宝島。新設された保育園の畑では、子どもたちが島の農家と夏野菜を栽培する（鹿児島県十島村で）

主力産業で、ピークの1950年の人口は3000人。しかし、若者の流出で加速度的に減少し、70年「臥蛇島《がじゃ》」は生活が維持できなくなった島民13人が本土に移住した。涙を流し古里に別れを告げた人々。それから40年後の2010年、七つの島の総人口は600人を切った。無人化した島を知る村民ほど、忍び寄る危機を感じ取った。

11年、村は生き残りを懸けた定住支援策を打ち出す。過疎債を財源に、農林水産業に従事した56歳以下には5年間、1日最大1万円を支給し始めた。出産や子育て、農林漁業にも手厚い補助金を用意。移住者への支援を村おこしの柱の一つにする抜本的な支援を講じた。

■共同作業に汗　砂糖と塩復活

島の手付かずの自然や独自の文化、暮らし。「宝島にときめいた」。大阪府出身の高木義浩さん(33)は、11年に妻と一緒に移住した。

島の営みはきれいごとでは語れない。島民は自力で家屋を建てるなど、自給自足を軸に子どもを育て必死に生きてきた。一方、若者は補助金をもらい新築の村営住宅に暮らす。移住者を手放しで歓迎できない島民の心情も、時に見え隠れする。

島民の気持ちが分かる高木さんは、サトウキビなど懸命に農業に励み、共同作業に汗をかいた。島で途絶えた砂糖と塩作りを復活させた。

「助け合いの連鎖で成り立つ島で、子どもを育てる」。高木さんの本気度は島民の心をほぐす。

Iターン者では初めて、船の荷物の積荷を担う「荷役組合」の組合長になった。島民の命綱を守るリーダーだ。今は補助金なしで生活する。

この島で、10月には高木さんの3人目の子どもが産声を上げる。

産地のバトン20代へ　成長支える農家の覚悟

■挫折乗り越え牛飼いに挑戦

海が見える山に放牧された牛。飼い主を見分け、主が呼ぶ声だけに反応する。「おーい」。鹿児島県十島村、宝島の最年少の牛飼い、中村太海志さん（28）が声を張り上げると、繁殖雌牛5頭が駆け寄ってきた。

村出身の中村さん。家庭の事情で福岡に引っ越した中学生の時、いじめに遭った。小柄で人見知り、島生まれ。からかいの対象になった。耳や鼻、舌にまで開けたピアスの穴が、多くを明かさない中村さんの傷ついた思春期を物語る。

17歳でUターン。現金収入がなく、何度も島を出よう

牛を放牧する中村さん㊧ら島の畜産農家たち。中村さんは「今が踏ん張り時」と前を向く。（鹿児島県十島村で）

と思った。そんな時、先輩農家が繁殖雌牛をくれた。優しさが、心に染みた。

現在は鹿児島市から移住した妻の采子さん（23）と子どもとの4人暮らし。畜産と住宅修理などで生計を立てる。電気や水道を自力で修理する中村さんの姿に「何でもできてカッコイイ」と言う妻。家族と牛。守るものができた。「良い牛を安定して育てたい。島の耕作放棄地もよみがえらせていく」。恩返しを誓う。

8年で250人も移住者が来た村。中村さんら20代の奮闘に、移住を決断する人もいる。村の支援策が呼び水だが、「若者が若者を呼ぶ連鎖」が起きている。

つまずきながらも成長する若者の軌跡。島の大人たちが見守る。宝島自治会長で、畜産農家の平田伊佐美さん（67）は「大勢でなくても、優等生でなくてもいい。島の苦労や歴史を理解して、島を好きだと言う若者と産地を残す」と願う。

■村の基幹産業72戸700頭飼育

村の基幹産業、畜産。72戸が700頭を飼育する。口之島を中心に若返りが進み20、30代は11人。繁殖雌牛の導入に1頭65万円を助成する村の支援策を活用し、産地は勢いづく。

「島で牛を飼う」。その難しさは一言では表現できない。宝島から鹿児島港に着く頃、移動で牛は平均20キロ痩せる。島民も市場に出るために鹿児島市内の旅館に平均5泊し、時間も金も要する。

かつて島の牛の死亡率は極端に高く、市場評価はどん底だった。「フェリー代がかかっています」と場内アナウンスして、やっと引き取ってもらうこともあったという。

「島民が本気になって築いた産地に、若い人が入って新たな刺激が生まれている。牛飼いの覚悟が若者を島に呼び込んでいる」。8年前に村の獣医師になった内田嘉彦さん（62）はこう実感する。

内田獣医師が七つの島を巡回し、少しずつ農家の技術が上向いていった。ここ数年、年商1000万円を超す農家もいる。低迷期を乗り越え活気づく産地に、若者が挑戦する機運が芽生える。

■失敗恐れずに受け入れ育む

初期投資や技術が要る島の畜産経営。基盤のない若者にはたくさんの壁が立ちはだかる。中には数年で島を離れる若者もいる。移住者の定住率は8割を超すが、島民にとってわずかでも若者が離れるショックは大きい。「補助金がなくなれば若者は出ていく」。そんな疑念を持つ島民もいる。

宝島で40頭を飼育する平田浩一さん（55）は、まな弟子が島を離れた経験を持つ。今は別の畜産研修生を育てる。「若者がいないと畜産は廃れる。別れの覚悟も含めて受け入れ、産地をつなぐしかない」。強い思いを打ち明ける。若者と手を携え、歩を進める。

なりわい育む〝家族〟 移住者の夢村民が応援

■サカキ特産化組合つくる

シャツに記された文字は「悪」。フェリーが港に着岸すると、高齢者から若者までそろいの服を着て港で積荷の作業に励む。命綱である生活物資を島に運び入れる作業だ。収入を得るための出荷物も皆で送り出す。家族のような一体感。それが、悪石島（鹿児島県十島村）の特徴だ。

36世帯78人が暮らす。２０１６年、神棚に備えるサカキを栽培する新しい出荷組合が生まれた。名古屋市出身の西澤慶彦さん（20）、東京都出身の太田有哉さん（21）ら都会育ちの〝ヨソモノ〟と地元農家12人が団結。手間が掛からず台風に強いサカキ。組合長で自治会長の有川和則さん（65）は「ヨソモノじゃなくて家族と思ってい

「サカキ」を栽培する出荷組合が立ち上がった。自治会長の有川さん（右から２人目）や移住した西澤さん㊧らが奮起。（鹿児島県十島村で）

る。サカキは将来の収入の種。若者を島に残すため金をつくる仕組みを皆でつくる」と知恵を絞る。

■野生のヤギで新ビジネスを

ここ数年、島には夢を抱いて新しい農業に挑戦する若者が移住する。必ずしも全員が夢を持ってやってきたわけでない。中には都会で傷ついた若者たちも。島で生きるため、移住後、夢を見付ける。大人たちが団結し、若者の夢を育み、支える。

野生のヤギの生体出荷を始めた太田さん。「牛の草をヤギが食べて島民を困らせている。土砂崩れの原因にもなる。一石二鳥のビジネスでしょ」。少し自慢そうに構想を明かす。ここまで何かに本気になって挑戦したことは、初めてだ。

太田さんは農林漁業のイベントで有川さんと知り合い、西澤さんを誘って3年前に移住した。家事が苦手で、売店もない島の生活は苦労の連続。遅刻などでたびたび島民に怒られる。「けんかするのも怒るのも家族だから。本気で僕を育ててくれている」。心の中で島民に、感謝している。

病気になってもライフラインが壊れても、助け合って応急処置するしかない離島。西澤さんは「誰かが勝ち残るのではなく皆で生きていく感覚を島で初めて知った」と語る。ゲーム漬けで孤独だった高校生活。皆で支え合う家族的な島の雰囲気に、生きる居場所を見つけた。

村で成人式を挙げた西澤さん。将来も島で生きていく術《すべ》を懸命に模索する。サカキ、スナップエンドウ、バナナなど新たな特産品で生計を立てようと必死だ。早朝から夕刻まで、畑へ。

■団結と温かさ一体感が支え

高知県から移住し、漁業とバナナを栽培する鎌倉秀成さん（38）は「夢を持って生きることができる島。家族のように受け入れてくれる温かさが、生きる励み」と感謝する。

若者の夢は、島民の夢でもある。畜産農家の有川俊江さん（59）は「島を選んでくれて心からうれしい。絶対、島に残ってほしい」と願う。手伝えることがないか、いつも考えているという。

悪石島の名の由来は諸説ある。農家の有川安美さん（84）は隠し財宝を悪人から守るために先祖が命名したと聞いて育った。終戦も長く知らず島で生きてきた有川さん。「島に来てくれて夢に向かって頑張る若い人は、悪石島の財宝のよう。自分たちが財宝を守っていきたい」と決意する。誰もがわが事として、移住してきた若者の挑戦を応援している。本当に定住できるかは、これからにかかっているからだ。

発想力を生かし挑戦する若者たちの移住。人口は増え、悪石島には保育園も近くでき、島は確実に変わった。その変化の道のりは、時に摩擦も生じる。十島村の住民は、新しい風を受け止めながら、島を残す歴史をつむいでいく。

鹿児島県十島村村長　肥後　正司氏インタビュー

人口増加率全国2位達成
夢抱く移住者が元気くれた　1島も消滅させない覚悟

移住者を受け入れることで、保育園ができ、郵便局ができ、分校が本校になり、新しい出荷組合ができた鹿児島県十島村。2015年の国勢調査では人口増加率が全国2位となった。若者と島民による村の変革をどう見るのか、十島村村長の肥後正司氏に聞いた。

――なぜ移住政策に取り組んだのですか。

役場は鹿児島市内にあり、島にはガソリンスタンドもない。生活環境が著しく厳しい中で、思い切った施策を取らなければ、無人島になる。

特に家族連れを呼び込むことを重視する。例えば、中学生以下の生活支援は1人月1万円を支給し、出産の祝い金も30万～100万円を出す。期間限定だが、家族で農林水産業に従事すれば1日8000～1万円を交付する。

役場職員は30人。限られた人材だが、定住対策室を組織化し、全国の移住や1次産業のフェアに出て移住者を呼び込む。自治会長や、議員らからなる定住プロジェクトチームを各島に発足。

鹿児島県十島村村長
肥後 正司氏

ソフト、ハード両面の対策が奏功し、教職員を除き10年度から16年度までの7年で141世帯239人が移住し、移住者の定着率は8割を超す。一時600人を切った人口は、700人を超すまでに回復した。

工事で職人を泊まりがけで呼ばなければならないため、土木や建築の事業が予算の多くを占める。さらに過疎債を活用しているため、予算規模で見ると移住対策が目立つわけではない。だが、村にとっては予算や人員の面でも大きな挑戦。小学校を分校から本校にすることや、郵便局の開設には相当な労力をかけた。現金を下ろす設備もない現状を伝え、若者を受け入れる基盤をつくる必要性を県や関係機関に訴えた。

――島は変わりましたか。

予想以上の成果が出た。子どもがいる喜びは計り知れない。人口増加や保育園開設といった目に見えた成果だけでなく、夢を持つ若者が来て島は元気になった。6次産業化や農業の産地化など島の新しい価値を示してくれた。

ただ、自給自足で必死に生きてきた島民から見ると、補助制度への違和感があるのも事実。島民への支援事業もあるが「昔から住む住民の支援を拡充するべきだ」と言う人もいる。

――十島村にとっての若者力とは何ですか。

新しい発想で希望を見付ける力。「甘い考えは島では通用しない」「農業は厳しい」と言いたくなる。しかし、若い移住者は前向きに挑戦する。

七つの島を維持するのではなく、1島に集約した方が便利だという意見も村外にはある。しかし、絶対に1島でも消滅させてはならない。効率化を求める今の考え方で、先祖からつないできた長い歴史を閉じてはいけない。島に来る若者は無自覚でも、島の魅力や協同の尊さを分かっている。つながりや共感する力も、若者の特徴だ。

かじ取りは、行政だけではできない。島民が若者を受け入れる覚悟を持ち、若者と共感する作業を積み重ねる。高望みするのではなくバランスを保ちながら、島を次の世代につなげたい。

2　福島県郡山市　信頼紡ぐ検査と発信

原発事故　信頼紡ぐ検査と発信　親とタッグ復興けん引

■地元ブランドシンボルに

エダマメ「グリーンスウィート」、ホウレンソウ「緑の王子」……。

福島県郡山市のブランド野菜の名前だ。50、60代の農家が15年前に世に送り出し、地元に愛される宝に育った。後押しするのは、その子ども世代に当たる20、30代。産地を襲った東京電力福島第1原子力発電

所事故の危機に真っ先に立ち上がったのも彼らだ。ブランド野菜を地域のシンボルにしよう。安全性を丁寧に発信しながら消費者とのつながりを広げ、復興をけん引する。

8月上旬。農家の藤田浩志さん(38)は、40人を超す市内の幼稚園教諭に、エダマメの収穫やブランド野菜の成り立ちを教えていた。冗談を交えながら、分かりやすく。聴衆の笑い声、感心する声が畑に響く。「情報発信も放射能検査も営農の一部。野菜の風評被害は乗り越えた」。藤田さんは言い切る。

直線距離で原発から約60キロ離れた同市。事故が発生した2011年3月11日以来、藤田さんは食育イベント、講演、販売促進に出掛け、数千の消費者に会った。100人を超える県内の農家や農学者に会い、ネットで思いや福島の現場のリポートもした。たくさんの政治家に陳

「エダマメにカメムシはつきものだから驚かないで」と、幼稚園教諭らに収穫指導をする藤田さん㊥(福島県郡山市で)

情文を送った。インターネット交流サイト（ＳＮＳ）で畑から情報発信もした。

藤田さんだけではない。同市のブランド野菜協議会の農家34人は毎日、放射能検査、情報発信を続け、毎月のようにイベントに出掛ける。

■産地化諦めぬ夢の続き誓う

03年。郡山農業青年会議所の子育て世代だった農家たちが、地域に密着した特産化を目指し、ブランド野菜を発案した。新ブランドになる品種を決め、消費者に公募してネーミングする。毎年一つブランド野菜が誕生。施肥設計、収穫から販売までの時間まで綿密に決め、消費者に地道に売り込んでいた。

そんな中で起きた原発事故。離農を考えた仲間もいた。藤田さんら若手と、ブランドを発足させた世代は議論を重ね、出た結論は「やるだけやる」。「ブランド野菜を諦めずに作ることは、いまを刻むこと。将来の地域の宝になる」と藤田さん。前を向こうと決めた。親世代が描いたブランド野菜の夢は、後継者たちの夢にもなった。

事故から6年半。若手も親世代も一緒に勉強し、放射能検査をし、数値を発信し、販売促進を何百と繰り返した。ブランド野菜を作るリーダー、富塚弘二さん（53）は「後継者が前を向こうとする姿に、頑張ろうと思った」と振り返る。

■「広報も農業」つながり新た

栄養価や糖度やうま味の数値も一緒に情報発信する。フェイスブックやツイッター、ラジオや広報誌などあらゆる情報ツールを活用。愚直に続け、ファンをつかんだ。現在、ブランド野菜を扱う飲食店やシェフは30店舗以上。地元だけでなく、首都圏の高級スーパーからも注文が舞い込み、学校や消費者、商工会などから食育や販促のイベント依頼が来る。

きのこを作る鈴木農園の後継者、鈴木清美さん（32）は協議会のフェイスブックの発信役。清美さんは13年、おがくずを肥料に、24ヘクタールでブランド野菜などを作る「まどか菜園」を設立した。農園の売り上げはいまだに戻らない。それでも「広報も農業。かわいそうな被災者ではなく、新しい農業をやる」と決めている。

「消費者とのつながりが楽しい」。親世代のメンバーは口をそろえる。

育つ新規就農者　つながる農業で活路　危機克服へ新スタイル

■協議会員34人40代以下多く

午後7時すぎ。福島県郡山市のブランド野菜協議会のメンバーが集まる。「新規就農者にとって、イベントに出る1時間でも惜しい」「できない理由より、できるようにする対策を見つけよう」。この日は、地域の祭りへの出店を巡って意見が飛び交った。

協議会は34人、40代以下が大半を占める。定期的に開く自主的な会議が、活動を活気づける。メンバーで、新規就農した佐藤佳さん（38）。午前4時から収穫作業。どんなに忙しくても、欠かさず会議に参加する。目指す農業は、つながりだから。

18年間、東京で暮らし会社員をした。望郷の思いは、原子力発電所事故で一層、高まった。事故後、福島の農産物を敬遠する都市住民を目の当たりにした。福島出身というだけで、周囲に不安がられた。

人生の折り返し地点に来たと意識した2年前、帰郷。実家は農家ではないが、農業を志した。「地元をつくる一人になりたい」と決意を固めた。

若手も年配農家も関係なく前向きに意見を言って、経営を高め合う。そんな協議会の雰囲気に引かれた。「一人ではなく、つながりをつくって農業をすることが地域を楽しくする。将来を考えるとわくわくする。会社員時代には考えられないことです」。佐藤さんは笑顔を見せる。

鈴木さん㊧は、扱う作物の幅を広げようと2017年から新たにホップの栽培を始めた。「天ぷらにしたらおいしいですよ」と自信をのぞかせ、新規就農の佐藤さんと励まし合う（福島県郡山市で）

■前を向く先輩後継者次々と

若手農家、鈴木智哉さん（23）が梱包《こんぽう》作業に励む。「農作業はしんどい。毎日、落ち込むことばかり。でも、応援してくれる人がいるから」

東京での大学時代。毎週のように東京・青山で父たちのブランド野菜を販売した。福島産というだけで、手に持った野菜を棚に戻された。父たちの悲しそうな顔を見るたび、心は傷ついた。一方で、買い続けてくれるファンもいた。「おいしい食べ物は人を幸せにする」。鈴木さんは、シェフや消費者の顔を思い浮かべる。

ブランド野菜協議会にはここ数年、佐藤さんや鈴木さんのような新規就農者や後継者が次々加わる。風評被害に苦悩しても前を向く先輩農家。復興への道を模索する古里。その姿に、農家になることを決めた若者たちだ。

ブランド野菜を作るベテランの中野康彦さん（73）。「原発事故はつらかった。必死に守ったブランド野菜の産地に、新しい若い農家が育っていることが、何よりうれしい」と笑顔で見守る。

■13個目の銘柄消費者に披露

２０１９年、福島大学には農学を学ぶ「食農学類」が誕生する。原発事故を経験した若い農家の声を受け、産地を担う次世代を育てる機運が高まっている。

規模拡大を追求してもうける一握りの勝ち組を作っても、農家は減り、地域コミュニティーは成り立たなくなる。でも仲間をつくり発信し、つながり合えば、地域全体は元気になる。協議会の若手農家と交流し、共に学んだ福島大学の小山良太教授にはそう見える。「風評被害を脱し地産地消が根付いてきた。新しい世代の意見を受け止め、生産だけでなく、外部とつながる新しい農業のスタイルをつくろうとしている」。

盆。協議会の農家たちは地元消費者に、トウモロコシ「とうみぎ丸」をお披露目した。13個目となるブランド野菜は、船をイメージして命名した。前へ、前へ。産地は若手と親世代の農家が団結し、未来を切り開く。

福島県郡山市ブランド野菜協議会会長　鈴木光一氏インタビュー

情報発信続け風評克服
世代に関係なく長所生かす変化を恐れず団結し前へ

福島県郡山市ブランド野菜協議会会長
鈴木 光一氏

東京電力福島第1原子力発電所事故の風評被害を乗り越えてきた福島県郡山市のブランド野菜協議会。放射能検査を徹底し、検査結果を見える化、情報発信を続けてきた。協議会会長の鈴木光一さん（54）に、ブランド野菜の成り立ちや若手農家の役割を聞いた。

――ブランド野菜を作ったのは、どのような背景があったのですか。

初期メンバーの多くは当時30、40代で、米が主体で新たな収入源を模索していた。郡山には京野菜や加賀野菜のような伝統野菜はない。消費者が求める新しい品種でブランドをつくろうと、若い仲間と共に始めた。

毎年1品ずつブランドをつくり、販売先は東京重視ではなく、地元に受け入れられることを主眼にした。とんとん拍子に事が運び、ブランド野菜の産地づくりが進むという時、原発事故が起きた。消費者が敬遠する姿を目にして、先が全く見えなかった。これで終わるのか、悔しくて心の中で男泣きした。

――風評被害の克服に若い農家はどう関わりましたか。

若い農家の存在は大きかった。原発事故後の悲惨な時期も、産地が「諦められない」という雰囲気になった。若い農家は同志。年齢が若いと「どうせ若者は」と農村では言われがちだが、協議会では若い農家を特別扱いも、否定もしない。

若い農家は発信力、つながる力にたけている。協議会では放射能検査の数値だけでなく、おいしさや栄養価も数値化し〝見える化〟を続けた。ブランド野菜の特徴、農家の思いやこだわり、生産方法、レシピなど全てを情報公開した。

ラジオやテレビ、イベント、フェア、インターネット、マルシェ、トークライブとあらゆる方法で発信した。消費者に現場の畑に来てもらうツアーを仕掛けた。今では販売スタッフとしてボランティアをしてくれる消費者もいる。

原発事故以降、消費者や他産業とのつながりが圧倒的に広がった。世代に関係なく団結した。ブランド野菜は地域に認められ、必要とされていると自負している。

――新規就農者が参入してきています。

新規就農者には、まずは個人の経営を成功させてほしい。農業は地域と切り離せない。農家同士がつながることで、同じように地域を思う他産業の人にも、消費者にも響くものがある。それを経営に生かしてほしい。

僕たち世代は他人に見せることより、自分の中の誇りを軸に農業生産をしてきた。今の若い農家は他者に見せること、伝えることを含めた農業をしている。

ただ、若い人、新規就農者と、世代で農家をひとくくりにしたことはない。協議会は、新しい風や変化を恐れず、みんなで話し合い、対応を決めていった。個人の力や考えを地域農業に生かすことが問われている。

3　岡山県総社市　日本一の桃　役員は20代

にぎわいの地

世代交代　日本一の桃　販路開拓　20代が役員県外へ挑戦

■精鋭8戸11ヘクタール　高単価を維持

平均年齢39歳の少数精鋭プロ集団が、桃産業で異彩を放つ。

岡山県JA岡山西の「総社もも生産組合」。大阪、東京、海外へと販路を切り開き、全国トップレベルの高単価を毎年維持。農家自らバイヤーの声を毎日直接聞いて、出荷に反映させる。雑木林に覆われていた耕作放棄地を開墾し、園地へとよみがえらせた。農業のイメージを変えた組合には、県内外から次の若い就農希望者が相次ぐ。

若い農家と従業員が目を光らせる選果場。傷みはないか。硬度、熟度は問題ないか――。従業員に指示をする秋山陽太郎さん（37）が胸を張った。「日本一の品質と言い切れる。選果の基準は緩めない。ぶれないから、評価がついてくる」

中山間地域と市街地が混在し、まとまった平場の園地の確保が難しい、総社市。組合員8戸、11ヘクタール。産地規模は小さくても、存在感は圧倒的だ。平均単価は5年連続で1キロ

1000円を超す。東京の高級果実店では1玉6000円を超す価格で売られることもある。市場関係者から「引く手あまた」と、その実力に一目置かれる。

26歳で副組合長、31歳で組合長に就任した秋山さん。まだ20代だった副組合長の吉富達也さん(34)らと一緒に大阪、東京への販路開拓に乗り出す。父親たちの世代までは県内だけに出荷していた。

毎日必ずバイヤーに電話し、直接評価を聞く。「言い訳も妥協も一切してこなかった。常に消費者がどう思うか、販売までを考えて作っている」と秋山さん。時間があれば市場に出向き、仲卸業者ら全員に声を掛け、反応を確かめる。譲れない点は納得するまで説明し、箱詰めから量、糖度まで改善できる点は全て聞く。これを出荷シーズン、繰り返す。

■新しい発想生かす親たち

1973年に誕生した組合。剪定《せんてい》をできるだけしない「岡山自然流」と呼ばれる独特の栽培技術が特徴だ。県内を重視した販売に限界を感じていた10年前、新たな販路開

選果場で桃の出荷作業に打ち込む若手農家ら
(岡山県総社市で)

拓の必要性を提起する20、30代に役員をバトンタッチした。

「自分たちにない感覚でどんどん挑戦していく若手農家に、任せた方がいいと思った」。もう一人の副組合長の村木一裕さん（59）があっさりと言う。

新しい発想を排除せず、生かす姿勢を持っていた親たち。世代交代に異論はなかった。

定期的に開く栽培研究会も、組合の個性が光る。文字通りの「研究会」。組合に指導者はいない。吉富さんは「自分だったらこうすると全員が意見を言って、最終的に結果を出す。徹底してみんなで話し合い、技術を合わせる。だから講習会ではなく、研究会です」と明かす。

■つながり強み地域を元気に

組合には年収1000万円を超す農家がごろごろいる。裏切らない品質に根強いファンが全国にいる。

手数料を省き、JAや市場を通さず直接販売する選択肢もある。だが、JA出荷を貫く。「つながりをたくさん持っていることは強み。JAや市場を通しているから、今がある。目先の利益にとらわれたくない」と吉富さん。これまでに1000人以上の販売関係者と会ってきた。応援団を増やすことで、広がっていく農業のやりがいや楽しみを実感する。

一人勝ちの所得向上ではない。「地域を桃で元気にすること」(秋山さん)。組合が目指す道は、はっきりしている。

研修生続々と　農地再生　独立後押し　組合の勢い地域に波及

■10年で5ヘクタール放棄地を開墾

岡山県の総社もも生産組合が手掛ける傾斜地の園地。独自の剪定《せんてい》で株元から枝先まで、太陽の恵みが行き渡る。耕作放棄地だった面影はない。

その園地で、研修生の岡田幸久さん（27）が出荷前の熟度を確かめる。総社市に生まれ育ったが、農家出身ではない。「和気あいあいとしながらも、経営を高め合う雰囲気に引かれた。世代が近いので気軽に相談できる」。11月には研修を卒業し、独り立ちする。〝師匠〟の吉富達也さん（34）から園地を借り受ける予定だ。

まとまった園地が限られる同市。若手農家が重機を使い、耕作放棄地を少しずつ開墾してきた。農地に再生した園地はここ10年間で5ヘクタールに上る。開墾した園地は、次の担い手候補生へと渡る。研修希望者が毎年、

県特産の品種「瀬戸内白桃」の生育を確かめる研修生や副組合長の吉富さん㊧、JA 職員ら
(岡山県総社市で)

相次ぐ。

北海道恵庭市出身の中原恵理さん（31）。桃農家を目指し、夫と共に修業中だ。研究員として関東の大手企業で働いていた〝理系女子〟。高収入の安定した仕事を辞め、２０１６年2月にこの新天地に飛び込んだ。「研究職と農業は似ている。プロフェッショナルに突き詰められる産地を探し、総社で桃を作りたいと思った」

■技術も販売も惜しまず伝授

組合は技術も販売もノウハウ流出を恐れない。永倉隆大さん（25）は、福島市の桃農家に生まれた。父親にこう送り出された。「岡山の優れた技術を学んで来い」。研修を経て組合の農家になった。将来は岡山で学んだ技術を生かし、故郷で桃農家になることが目標だ。「よそもの扱いされたことはなく技術をたたきこまれた。いつか福島に帰ったら、総社と並ぶ最高級品を作りたい」と見据える。

出ていくことが分かっている若者を受け入れる懐の深さ。吉富さんは言う。「たとえ岡山から離れても仲間。育てた園地は、次の就農希望者に引き継げばいいだけ。新しい風を受け入れることはプラスになる」

■古里の桃作り憧れの職業へ

組合の勢いは地域農業全体に刺激をもたらしている。総社市でブドウを作る秦果樹生産組合。5年前までは60、70代が役員を担ってきたが、最近、若返りを図った。現在の組合長は山下雅章さん（42）。大阪府摂津市出身。「桃の若手農家たちから、影響はめちゃめちゃ受けている。桃に負けられない」と思いを明かす。

将来が見えない一人の若者の人生も変えた。佐伯亮太朗さん（28）は3年前、離農する祖父の桃園地を継承した。たまたま訪れた選果場で働く若手農家が、まぶしく見えた。会社を辞め、人生の方向性を迷っていた時期だった。就農を決断した。「一生を懸ける仕事に巡り合えた」と悔いは全くない。

毎日が先輩農家に必死に食らいつく日々。「農業は年寄りがする、もうからん仕事とずっと思っていた。全く違う。今は総社で桃を作っていることが、友人からかっこいいと言われる」

桃農家は憧れの職業――。地元の小学生たちがそんな風に言う未来を佐伯さんは思い描く。

ＪＡ岡山西組合長　山本清志氏インタビュー

自己改革の推進力に
失敗恐れず前へＪＡが応援覚悟を持って産地つなぐ

世代交代を進め、売れる桃作りを追求する岡山県ＪＡ岡山西の総社もも生産組合。同ＪＡは新規就農者の育成で、スイートピーなど他品目でも全国のモデル産地として知られる。ＪＡの山本清志組合長に若者を生かす戦略を聞いた。

――総社もも生産組合は地域にとってどんな存在ですか。

若い人たちが団結して元気に高品質な桃を作る姿勢は、組織や地域の大きな推進力となっている。他の出荷組合にも波及効果は大きい。

私がＪＡ組合長になったばかりの時、総社もも生産組合の若手役員が「話をしたい」と言ってきた。建設的な意見を言い合い、互いに目標に向かってどう具体的に行動するか議論できた。今、ＪＡと生産者、行政で10ヘクタール規模の桃の〝メガ団地〟の造成計画が進行中だ。中山間地域が多く園地が点在する中で、組合が力強く飛躍する契機になればうれしい。

JA 岡山西組合長
山本清志氏

――ＪＡ管内では若い後継者や新規就農者が活躍していますね。

全ての品目で若い農家がいるわけではない。水稲は後継者が少なく、耕作放棄田が増えている。ＪＡがどう対応するかが課題だ。

経営が不安定な新規就農者には、地道な下支えが求められる。行政との橋渡し、補助金の申請方法といった事務作業、技術指導など、きめ細かい応援だ。新規就農者や研修生の意見に耳を傾けることを重要視している。若い人と一緒に産地をつくることは、ＪＡの自己改革に直結する。少しずつ成果も出てきている。

新規就農者の声を受け、農林中央金庫との連携で融資相談会を行ったところ、農業融資は２０１５年度から16年度で倍に増えた。他にも、新規就農者を育てる親方農家の意見を聞き、ローンの優遇措置も変えた。現場の声に耳を傾けて自己改革をしていく。

――若者力をどうみますか。

若い農家たちの発表を最近聞いた。「農業は１人ではできない、地域の応援、ＪＡや行政に支えられてできる」「汚い、きつい、もうからないという農業のイメージを変える。もうけながらも楽しく、外部に発信する農業をしたい」という意見だった。協同の大切さや地域で農業をする意味を分かっていると感動した。

ＪＡ改革で「所得向上」とよく言われる。だが、地域には小規模な農家もいる。負け組と勝ち組をつくるのではなく、規模に関係なく多様な農家をしっかり応援していく。

私が考える若者力は、新しいことに挑戦する力、失敗しても前向きに進む力、つながり発信する力。若者力を育み、生かし、支えようとする本気の大人たちがこの地域には多い。若い農家を育んでいる出荷組織では、親世代、祖父母世代が覚悟を持って産地をつなごうとしている。

若者たちが抱く農業への夢や希望を、ＪＡやベテラン農家たちが応援する体制を広げていきたい。国が言うからではない。地域や現場が求めているから自己改革を進めていく。

農村×若者へのメッセージ3　中央大学経済学部准教授　江川章氏

増える農外就農　つなぎ役　JAに期待

新規就農者の動向に変化が起きている。49歳以下の人数が、2015年に過去最多を更新した。注目すべきは、農家子弟の就農が減る中で、農業分野以外からの就農（農外就農）が増えていることだ。39歳以下では農外就農の方が多い。この変化に対応し、受け入れ側がいかに人材を確保・育成するかに農村の将来が懸かっている。今こそ若い力を、農業だけでなく、農村の力としてほしい。JAの果たすべき役割は大きい。

若者の農外就農がなぜ増えたのか。要因はいくつかある。リーマン・ショックで、成果主義などの働き方に疑問を持ち、農業を職業として見直す流れができた。東日本大震災の発生により、さらに人の動きが加速。農の雇用事業や青年就農給付金などの担い手対策の充実も後押しした。SNS（インターネット交流サイト）が普及し、農村の厳しさも含め、正確な情報を得られるようになったことも大きい。これらが若者の農外就農に作用している。

中央大学経済学部准教授
江川章氏

一方で、農村部には厳しい現実がある。販売農家、自給的農家が減少し、土地があっても、土地持ち非農家がその地域にいない不在村化も進む。農業集落の世帯数が縮小し、営農や暮らし機能が低下している。中山間地域でその傾向が色濃く出ている。

現状打破には、基幹集落を中心とした再編と、新規就農者など新たな人材の活用が重要。新規就農者が増え、田園回帰現象により、若者が農村に移住する動きが活発化しているのを受けて、JAには、これまで以上に柔軟な対応が必要だ。市町村と連携して研修制度を用意した上で、農地や資金を支援し、JA共販で販売するという従来型の就農支援だけではすべてをカバーできない。

例えば、農外就農では、SNSを使い、自ら消費者とつながって販売するスモールビジネスを展開する人がみられる。共販を前提とした支援だけでは、こういった人が漏れる可能性がある。また、就農の課題として多く挙がる「所得」「資金」「労働力」「技術」への対応が必要になる。いずれもJAが支援できる分野だが、新規就農者に就農後の相談相手を聞くと、普及指導員や出入り業者と答えるケースが多い。そこにJAの姿が薄いのは問題だろう。JA職員が出向いて、きめ細かにニーズを聞き出すことが大切だ。

農外就農の裾野を広げるには、多様な形で農村を目指す若者を支援することが重要。農業を職業とする新規就農者から、自給的農業で農村での暮らしに重きをおく者まで、スタイルはさまざま。新規就農や定住に向けた段階的な支援が、将来的に農業と地域を支える若者を増やすことになる。

「若者力」は何かと聞かれれば、その一つは間違いなく情報の発信力だと思う。若者は、地域で当たり前の資源、例えばお地蔵さんやほこらの歴史的意味や価値を掘り起こし、物語として発信してくれる。それを地域の農産物に付加してSNSなどで発信すれば、地域ブランドにつながる。この力を生かさない手はない。

若者力を活用するには、新規就農する若者と地域とをつなげることが重要。そのつなぎ役として、JAの役割を期待したい。

〈プロフィル〉えがわ・あきら

1968年、長崎県諫早市生まれ。農水省農林水産政策研究所、農林中金総合研究所を経て、2014年から現職。主な著書に『新規就農を支える地域の実践』など。

第3部

人財

育てる 生かす

若者が育つ農村や産地になろう。地域は若者を求めている。人材は、財産。若者を確保し、育てる人材育成に成果を上げる産地やＪＡ、農業法人、地域団体から、ヒントを探った。

1 マイペース酪農（北海道中標津町） 低投資持続型に共感

学生や就農希望者たちが、放牧地で草をはむ牛や土を観察する。「春から見て今が一番、牛の状態が良い」「草を食べる量が増えたよね」。毎月1度、北海道の「マイペース酪農」の実践農家らが開く、酪農適塾。20代が多く集う。中標津町の牧場で学ぶ若者は、ふんを見るだけで、牛の健康状態が少しずつ分かるようになってきた。

農家の目が行き届く規模で乳牛を飼うマイペース酪農。その提唱者は、JA中標津の元組合長、三友盛行さん（72）だ。実践する酪農家から経営や営農技術、哲学を学ぶ。

1月に妻と新規就農し、経産牛20頭を飼う参加者の吉塚恭次さん（32）は「低投資だから始めやすい。牛1頭、土の状態をちゃんと見ることができる」と魅力を語る。三友さんから牧場を経

放牧地で牛のふんをじっくり観察する若者とマイペース酪農を実践する農家たち。規模ではなく、牛をいたわる営農の在り方を追求する（北海道中標津で）

営継承した吉塚さん。飼料は自給、経営は放牧し、外部依存はほぼない。

かつて大規模経営を夢見ていた。考えが変わった若手農家の1人だ。

マイペース酪農の基本は放牧地1ヘクタール当たり経産牛1頭。飼養頭数は30頭で、道平均の半分以下だ。労働時間も、道平均（1戸当たり）の3割の2000時間強に収める。なるべく機械に頼らない。現代の酪農とは対照的なスタイルだ。

2010年にスタートした人材育成を目的とする酪農適塾。三友さんや仲間がボランティアで続ける20、30代の就農希望者の受け皿だ。今では塾生が道内に100戸以上就農。40代以上も含めるとマイペース酪農家は200戸を超す。道内各地にグループがある。

年間平均乳量は1頭4000キロ～6000キロ。全国平均の半分程度。それでも平均所得率は60％。全国平均（20％）に比べ、飛び抜けて高い。飼料や肥料は自給。三友さんは「大規模な酪農業は働きづくめ、機械任せになる。ふんや歩く姿を観察して削蹄《さくてい》も自力で、牛と向き合う。規模が小さいからこそ利益が出る」と確信する。

マイペース酪農にほれ込んだ酪農家、教師、研究者、三友さんの妻らが〝伝道師〟となり、皆で若者を育成する。別海町の酪農家、森高哲夫さん（66）は、マイペース酪農に関する通信を1991年から毎月発行する。300号を超し、今は300人以上が愛読者だ。

90年代、多額の投資を返済しきれず離農する仲間の姿を見て、低投資、持続型の酪農にあるべき姿を確信した森高さん。「農政に振り回されず、風土に生かされる奥深さに、今の若者は共感する」と感じる。

塾は年間を通して酪農を学び、交流会では農家同士で学ぶ。就農支援からフォローまでの仕組みが自然と出来上がった。

塾に6年間通う釧路市の佐々雅紀さん（24）は、大学院を卒業した来春からマイペース酪農の研修を始める。「金に換算できないし、言葉にしにくいけれど、目標となる農家がたくさんいる。就農は楽しみ」と笑顔の佐々さん。構造改革が進む時代。あえて適正規模を追求する酪農が、若者の心を確かにつかむ。

〈キーパーソン　三友盛行さんの3カ条〉

・仲間と共に、ぶれずに
・焦らず、寛容さを持つ
・成長に合わせて指導する

2　2品目で独立就農（ジェイエイファームみやざき中央）　定着率9割超

蒸し暑いハウスの中。キュウリの生育を確認しながら、川添圭路さん（36）が額に浮かぶ大粒の汗を拭う。「誰よりも工夫して収量を上げたい。負けられない」。さいたま市から古里の宮崎市に移住。小学校教諭から転職し、専業農家になることを決めた。

共に学ぶ宮崎県国富町の川上大将さん（22）が川添さんのハウスを観察しながら漏らす。「農家出身ではなくても、営農技術のレベルは相当高い。農家に生まれ育った後継者として悔しい」。

新規就農を志す2人。宮崎市の有限会社「ジェイエイファームみやざき中央」で研修し、競い励まし合う同期だ。

同社はJA宮崎中央の出資法人。全国トップレベルの野菜産地で、ミニトマトとキュウリの新規就農者育成事業を担う。2006年度から計113人が研修を受けた。研修時の平均年齢は34歳で、卒業した9割以上が管内に就農。貴重な戦力に成長している。

寺原さん（右から2番目）に熱心に質問する研修生ら（宮崎市で）

就農計画が立てやすい産地主力の2品目に絞った研修。実家が農家ではない就農希望者が6割超で、毎年5～14人が受講する。研修生は専用のハウスを1人1棟任され、野菜を栽培。実際に販売し、棟別の収量、生産コストなどを競い合う。草刈りや水路掃除など地域の行事にも欠かさず参加するよう、研修を組む。「基本は伝えても、手取り足取りは教えない」と技術指導する同社の寺原薫さん（66）。地域との関わりも技術も、自身で考える力を養ってほしいと願う。

農業委員会、JAの部会や青年部、JA宮崎中央会、農業委員会、行政……。JAを中心に地域の農家や消防団、農業関連の多様な組織と関わる体制が、同社の研修の特徴だ。

同社企画管理課の有馬和良課長は「連携が研修の鍵を握る。たくさんの人に支えられて地域農業が成り立っていることが、おのずと分かる。研修後のネットワークにもつながり、バックアップも取りやすい」と明かす。

研修生は基本1年間で卒業し、経営者になる。卒業後は営農指導員らが定期的に巡回したり、JAが新規就農3年目まで借りることができるハウスを用意したりと、農地や資金、技術など基盤が乏しくても就農できる体制を整える。

パソコン関係の仕事から転職した大阪市出身の持原啓一さん（45）は「いろいろな人との出会いが糧。卒業後も地域全体で面倒を見て応援してくれる。収量を上げて地域に恩返しをしたい」と感謝する。充実した研修内容だけでなく、卒業生の活躍を喜ぶ地域の温かさも、若者を引き付ける。

卒業生の中からは1000万円プレーヤーが続々と誕生している。今では、キュウリもミニトマトもそれぞれJA部会員数の1割以上を占める就農者を輩出する。

管内各地の農家は「仲間が増えてうれしい」と歓迎し、成長を応援する。若者を受け入れ、育む産地の力。全国筆頭の産地を維持するゆえんが、見えてくる。

〈キーパーソン　寺原薫さんの3カ条〉
・叱らず提案を待つ
・目標を常に意識させる
・多くの人に会わせる

3　学生人材バンク（鳥取市）　毎年関われば担い手

山に囲まれ、小さな田が点在する鳥取県三朝町片柴集落。鳥取大学の学生20人が毎週同集落に通い、米を作り、農家と交流を重ねる。顔ぶれは年を経て変わる。学生による稲作は来春、10年目を迎える。学生を集落に送り込むのは、2002年に発足した鳥取市のNPO法人「学生人材バンク」だ。

同集落は11月、学生と収穫祭を開いた。農家の岩谷丈一さん（81）が静かに学生に語り掛けた。「この年になって孫のような友達が

餅つきをする大学生と片柴集落の農家。収穫祭で農家に振る舞う（鳥取県三朝町で）

できて幸せだ。一生懸命米を作る君たちの姿に、元気をもらった」。岩谷さんは学生の農業指導者。体調不良のため2017年で離農する。それでも、〝友達〟である学生が、今後も農地を耕してくれることを願う。

学生は耕作放棄地となる寸前の6枚の水田、計0・8ヘクタールを引き受け、土づくりから収穫まで、水管理以外の米作りの作業を担う。面積では集落で2番目の担い手だ。農家の谷口櫻子さん（80）も「毎年学生は変わるから名前まで覚えられないの。でも草刈りも、みこしも学生が必ず来てくれて、いつもにぎやかよ」と感謝する。

「学生人材バンク」は、稲作をする学生サークルを運営する他、県内外の中山間地域の30集落に年間70日、延べ500人のボランティアを派遣する。水路掃除や鳥獣害対策の柵設置……。学生を毎年、農村の共同作業に送り出し続ける体制をつくり上げた。

同バンクは、同大学卒業生の中川玄洋さん（38）が立ち上げた。「農村の面白さを後輩にも伝えたい」と考えた。ボランティアに関わる資金は県の事業を活用。農作業や祭りに若者を派遣する他、地域おこし協力隊や移住者の受け入れ相談なども担う。

当初は、ボランティアを求める農家の声を受け、中川さんが人づてで学生を探した。農村との関わりを求めている学生は想像以上に多く、学生と集落の仲介は、双方から好評だった。希望する学生、集落ともに年々増加していった。

学生との面談をしっかりして地域に出向く意味を伝える。ボランティアを求める集落には、学生と食事を共にするルールを設ける。意思の疎通などで小さな失敗があればすぐに軌道修正する。学生が替わっても継続して集落で力を発揮できるように工夫を重ねた。

活動が奏功し、若者と農村活性に関するさまざまな業務依頼が、法人に相次ぐ。中川さんは「これまで初代の熱意ある学生が卒業すると、地域との関係も次第に途切れていた。でも、きちんとフォローすれば関係は継続する。毎年関われば、学生でも地域の新しい担い手になる」と考える。

学生の原動力は、集落での学びの多さだ。愛知県岩倉市出身の3年生、野田幸宏さん（22）は「過疎地域より、効率の良い田畑で規模拡大する農業に価値があると思っていた。でもボランティアを通じ、損得勘定ではなく地域を守る農家が生き生きと暮らす集落があることを知った」と明かす。

双方の意図をくみ取ったマッチングがもたらす、集落のにぎわいと学生の感動。学生人材バンクが、橋渡しを続ける。

〈キーパーソン　中川玄洋さんの3カ条〉

・誰かに頼ることも大切
・まず接してみる
・客人扱いはしない

4 西部開発農産（岩手県北上市） 大規模経営〝入門〟続々

照井社長㊧からコンバインの操作方法を教わる仲山さん（岩手県北上市で）

広大な北上盆地に水稲や小麦などの農地が広がる。岩手県北上市の「西部開発農産」。820ヘクタールを経営する同社では、社員45人、パート65人が勤務する。社員の平均年齢は30代前半。若者たちは、日本で類を見ない大規模農場での農作業に憧れ、門をたたく。

同社にとって、人材の確保は不可欠。育成の鍵は、徹底して若者に任せる方針だ。年功序列システムではなく、欧米型の成果主義を採用する。年齢や社歴を問わず、一定以上の裁量を与え、結果を出すよう促す。作業方法のノウハウは教えるが、やり方は押し付けない。若者のアイデアを最大限に引き出す仕組みが、若者のやる気、向上心を高め続けている。

社長の照井勝也さん（48）は「『こうやれ、ああやれ』と言うとそのままのことをしてしまう。

社員が考えることで既存の内容より良いものが出てくるかもしれない。責任を持てば、やりがいも感じやすい」と若者のアイデアを期待する。

若者の話を聞くことも重視する。照井さんは「提案を受けると、違うと思っても最後まで聞く。最後まで聞いて自分たちが気付くこともある。間違いがあれば、相手に分かるように説明することが重要」と考える。

ソバや大豆の乾燥調製を担当する入社2年目の仲山大さん（27）は、自身の失敗が他の社員に大きな影響を及ぼすと、大規模農業法人ならではの悩みを明かす。入社1年目は作業の流れを学ぶため、力仕事も多かった。しかし、２０１７年は責任のある仕事も任され始め、プレッシャーも感じるが「失敗してもいいからやってみろ」と先輩から背中を押される。同期入社の中には２０１７年から圃場《ほじょう》管理を任されるようになった社員もいる。日々新鮮な気持ちで作業に臨む。

「西部開発農産での経験は農作業効率化につながった」と話すのは奥州市の農業法人「ＴＦａｒｍ」社長の高橋幸浩さん（37）。大学卒業後に西部開発農産で2年間社員として勤務し、退職後に家業を継いだ。現在は12ヘクタールの水田や牧草４ヘクタールを栽培する。

高橋さんは同社での経験を「学んだものは給料より大きかった。１人で仕事を完結させず、周りの人と共に仕事する重要性を学んだ」と実感する。西部開発農産での経験が、物の置き場所を決めるなど自身へのルール作りにつながり、結果的に農作業が効率化したという。

西部開発農産では、離れた場所にある田畑もあり、担当する圃場によっては土質が異なることもある。そのため、土質を見極める技術面の向上にもつながった。高橋さんは「仕事としての農業の考え方を学べた。西部開発農産の経営哲学や事業展開に関する本が出たら買いたいくらい、学びが多い」と笑顔で話す。

〈キーパーソン　照井勝也さんの3カ条〉

・裁量を与える
・提案は最後まで聞く
・考える習慣をつけさせる

5　くらぶち草の会（群馬県高崎市）　有機と契約で足固め

群馬県高崎市の中山間地域、旧倉渕村。高齢化が進み耕作放棄地が増えていた地で有機農業を志す若者が次々と育つ。高齢農家が手放す農地は、「くらぶち草の会」で育った農業経験のない新規就農者に受け継がれる。

新規就農を目指して研修中の前橋市出身の書上祐紀さん（22）が充実した表情を見せる。「種まきをして出荷する一連の流れに、達成感を感じる。店頭販売で野菜を買ってもらった時の笑顔を見ることがうれしい」

同会は、１９９７年に結成。契約栽培を通じて農作物の安定供給を目指す。周辺農家２００戸のうち、２割に当たる37戸が所属する。そのうち20戸は移住者だ。

全会員の総栽培面積は40ヘクタール、有機栽培でホウレンソウや小松菜、インゲンなど50品目を育てる。

同村は戦後の食糧難で農地開拓が行われ、鳴石集落に13戸が入植。だが、その孫世代が都市部などに流出した。「若者を受け入れなくては地域が持続できない」。同会の会長、佐藤茂さん（66）らの危機感が、同会立ち上げにつながった。佐藤会長が付加価値を高めるために以前から取り組んでいた有機農業を武器に自力で販路を開拓したり、ＪＡはぐくみを通じて出荷先を確保したりと後継者育成を進めた。

新規就農を受け入れる研修の仕組みは、農家自らが作った。１年間は、佐藤会長などベテラン農家に技術を学ぶ他、集落に溶け込むために地元の消防団など地元組織に関わるように指導。地元組織に入ると地域の人に認められやすく、定住につながりやすいからだ。

研修では農業の本質を伝える。契約栽培で出

佐藤会長㊧から小松菜の収穫を教わる書上さん（群馬県高崎市で）

荷量を確保する厳しさをたたき込む。顧客重視の考えも徹底する。当初は「有機農業がやりたい」といった一念で移住してきた若者も、次第に地域と関わりながら農業をする意味を感じていく。「研修体制や販路の確保などは、ここでやっていければ、どこに行ってもやっていける内容。そのレベルでバックアップをしている」と佐藤さんは、研修内容に自信を持つ。

指導を重ね、新規就農者の技術や農業への考えが育ち、目に見えた成果が出る。新規就農2、3年の売り上げは300万円程度だが、作業効率や技術力が向上すると600万~900万円に伸びる。売り上げの6~7割が収入になる。経営の安定が、次の若者を呼ぶ好循環につながっている。

1ヘクタールで野菜を作る東京都出身の柴田勲さん(40)は「先輩農家から面倒を見てもらえる環境が本当にありがたい。売り先が確保されていることも就農に向けて背中を押してくれた」と振り返る。若者を受け入れ、売り先を確保し、農業の理念を伝える。その繰り返しが、若者たちの成長につながっている。

〈キーパーソン　佐藤茂さんの3カ条〉

・厳しさも率直に伝える
・地域への関わりを後押し
・消費者目線の野菜作り

6 にいがたイナカレッジ（新潟県長岡市） お試し移住　無理なく

田んぼを囲むように、古民家が並ぶ新潟県柏崎市高柳町の荻ノ島集落。66人が暮らす小さな集落に、３年で５人の若者が移住した。お裾分け、行き交うあいさつ、まき割りや漬物作り……。農村の日常に、都会の若者が引き付けられる。

若者が一定期間、企業などで実際に働いてみるインターンシップ（就業体験）。集落版インターンの仕組みを作ったのが、長岡市の「にいがたイナカレッジ」だ。

同集落にインターンを経て移住し、稲作やアルバイトをする埼玉県三郷市出身の堤さゆりさん（29）は「田んぼのしんどい作業も集落の人と一緒にやって、いつの間にか集落が大好きになった」。大阪府出身でインターン中の橋本和明さん（22）は「人も景色も温かい。丁寧な暮らし方も、かやぶきの風景も、残したい」と前を向く。

１年間住み込む橋本さん㊧に、除雪するポイントを教える春日さん㊥（新潟県柏崎市で）

若者を受け入れる住民は「集落は確実に明るくなった」と口をそろえる。農家で自治会長の春日俊雄さん（66）はうれしそうだ。「大勢は求めない。一握りでもありのままの農村暮らしを尊ぶ人と関わりたい。若い人が来るだけで、地域は変わるよ」

にいがたイナカレッジは、20~40代の4人の若者が運営。2012年以降、100人以上の若者を中越地方の40の集落や地域の企業とつないだ。インターン生はイベントやインターネットで募集した学生や社会人らだ。期間は1カ月と1年間が基本。中越地方の地域や農業法人などでお試しで働く。基金を活用し、1年間インターンする若者には月5万円を生活費に支給。集落は住まい、光熱費などを準備する。

インターンは、過疎集落の労働不足を若者で補うことや、定住を最終目的にしていない。それでも、1年間のインターンを実施した若者21人のうち、18人が定住した。定住率は9割を誇る。

イナカレッジの阿部巧さん（37）は「単なる労働力の提供では、若者は集まらない。食事の準備や農作業を教えるだけの、集落が疲弊するような農業体験も続かない。集落と若者が共感する関係をつくりたい」と力を込める。

インターン期間は地域の課題解決、新規事業の立ち上げ、農家レストランのメニュー開発など具体テーマを設定。受け入れ側と若者が目標を達成する道筋を共有する。

インターンした若者の多くは、カフェを立ち上げたり、農家の後継者になったりして集落に残る。ただ、都会に帰ってからも貴重な人材となる。農産物を購入したり、都市住民に集落をアピールしたりと多様な交流を続ける。イナカレッジの金子知也さん（40）は「住む、住まないにかかわらず、いろいろな場面で地域の担い手になっている」と説明する。

十日町市の農家レストランを女性農家やインターン生と切り盛りする角谷幸恵さん（70）は、若者のメニュー開発や接客の提案に刺激を受ける。「若者は当然、完璧ではない。付き合い方は手探りだけど、それ以上に、張り合いをもらうの」と角谷さん。未来志向。若者を受け入れる過程で、地域は学んでいく。

〈キーパーソン　金子知也さんの3カ条〉
・地域ぐるみで受け入れ
・結果求めず段階的に
・対等な関係を目指す

7　トップリバー（長野県御代田町）　卒業生37人赤字なし

「経営とは人の使い方」「サラリーマンの収入を超える農家を育てる」「地域内で経済が回る真の循環型農業を目指す」。長野県御代田町の農業法人トップリバー。社長の嶋崎秀樹さん（58）が、人材育成の方針を力強く説明する。

同社には、就農希望者が就職し、経営のノウハウを実践で学ぶ。嶋崎社長は、もうかる農業の実現には雇用が肝になるという持論で、日々研修生に向き合う。農場長には、時に数百万円の賞与を支給し、「やればもうかる」農業を体感させる。研修生の幸せを第一に、親心を持って指導する。

同社は2000年に設立。当初の社員4人のうち、2人がいずれ実家で農業をしたいと意向を示していたことから、人材育成に着手した。研修期間は2～6年。これまで37人が卒業した。離農した人や赤字経営に陥った人はいない。

研修期間中、早ければ2年目以降から損益計算書を作成し、仮の経営者として経営シミュレーションする。栽培や人員配置の計画を立案させた上で、1カ月に1回程度経過報告を受ける。進捗《しんちょく》状況を確認し、6年を目安に農業経営者として育てる。

同町で上村農園を経営する上村健一郎さん（47）は同社で5年間研修を受け、独立した。現在は売り上げが2600万円、正社員も1人雇用する。「独立カリキュラムをここまで練りこんでいる会社はない。研修中でも、経営者として接してもらえ、悩んだ時も助言を受けられた」と振り返る。

トップリバーに8人いる農場長の1人、大阪府出身の澤田渉さん（34）は、レタス、キャベツなどの栽培計画の立案や人繰りを調整する。食品メーカーで営業担当を経験した後、同社で研修

資料を見ながら栽培計画を確認する澤田さん㊨と吉光さん（長野県御代田町で）

を受ける。

澤田さんは「収穫のイメージしかなかったが、実際の農業経営は甘くなかった」と苦笑いする一方、２０１９年の独立を目指す。５ヘクタールの農場を7人の社員、パートで回しながら、経営感覚を実践で学ぶ。「独立を後押しする法人はあっても、ここまで独立後の実績があるところは少ない。独立すれば5、6人は雇用したい」と具体的な事業計画を考えている。

大学卒業後に就職して4年目の広島県出身の吉光麻里さん（26）も「本来独立すると1年目から損益の壁にぶち当たるが、その体験を会社にいながらできる」と感謝する。

同社は、独立した研修生の「経営を縛らない」という信念がある。独立後に、農産物を同社に出荷するかどうかは、各農家の経営の判断に任せる。嶋崎社長によると実際、同社に出荷する農家は独立した人の３分の１ほどだという。

同社は農場長に昇格した場合、目標達成に応じて賞与を支給する。トップリバー流の農業は、「もうかる農業」の実現に向けた手本となる。

〈キーパーソン　嶋崎秀樹さんの3カ条〉

・熱意を持って接する
・目標達成を応援
・研修生の幸せ願う

8　人手不足と向き合う　魅力　気付き　変革促す

人材の奪い合いの時代に突入した。農業だけでなく、どの業界も人手不足に悩む。20、30代の特徴、感性をどう育み、支え、生かすか。対策に乗り出して成果を上げる仏教界と建設業界の工夫や人材育成の鍵に迫る。

■未来の住職塾　仏教「寺業計画」討議学び交流広げる

11月下旬。名古屋市の称名寺の境内に、東海地方の僧侶9人が集まった。各自が作成した「寺業計画」を手に、他の参加者と意見を交換し、制限時間いっぱい話し合う。制限時間の合図には仏教らしく鈴を使う。

6年目を迎えた一般社団法人お寺の未来が主催する「未来の住職塾」。これまで500人以上が卒業した、僧侶向けの経営塾だ。名古屋を含めて全国9カ所で開講する。宗派は問わない。

塾は、東京・神谷町にある光明寺の僧侶・松本紹圭さん（38）が2012年に設立した。松本さんは祖父が寺の住職をしていたが、跡継ぎではなく、自ら仏教界に飛び込んだ。

ケーススタディーで架空の寺の事業計画を立案する参加者（名古屋市で）

東京大学を卒業後、仏門に入った松本さん。思想としての仏教の役割の大きさを感じていたが、寺院経営は昔の人口分布や立地に基づいて成り立ち、業界変革の必要性を感じた。インドでＭＢＡ（経営学修士）を取得し、塾開設に至った。松本さんは住職や寺の課題に「時代遅れの習慣から抜け出せない」「一度始めたことを終わらせることができない」といった背景があると指摘する。

授業は２カ月に１回ペース。マーケティングや財務、経営ビジョンなどを指導。授業を通じて事業計画ならぬ、「寺業計画」を作成するのが最終目標だ。寺業計画を見ながら、寺の課題に対する意見交換も行う。中には１人15分の持ち時間で話が止まらない人がいるなど、議論は活発だ。静岡県浜松市の正光寺副住職の松尾啓眞さん（36）は「失敗した事業に意見をもらえる。先進的な取り組みをしている参加者からも意見を聞くことができた」と満足する。

松本さんは「仏教は、（浄土真宗や曹洞宗など6宗が誕生した）鎌倉時代以来の変革期に来ている。開かれた寺になる必要がある」と新たな時代に向けて寺院経営の大切さを力説する。

寺院経営は高齢化と都市への人口流出に伴って檀家《だんか》が減少し、収入の確保が大きな課題だ。文化庁によると、仏教系信者は過去10年で３００万人減った。一方、仏教系の寺院は15年12月末現在で全国に７万７２５４。20年前とほぼ横ばいだが、特

職人育成研修で職人（左から２人目）からモルタルの練り方を教わる塾生たち（高松市で）

に地方で常駐の住職がいない、寺院として機能していないといった数字から見えない深刻な問題を抱える。

寺院は宗教法人ではあるものの、総本山などの大規模寺院を除き、実態は世襲、家族経営だ。経済的に困窮している寺が増え、後継者不足は著しい。こうした厳しい現状で、世襲ではない若い松本さんの人材育成の手法が、脚光を浴びている。

■職人育成塾　建設　世代超え一体感　業界に横ぐしも

高松市の旧塩江小学校跡地に電動ドリルの音が響く。「一般社団法人職人育成塾」は香川県内の建設業者が出資して設立した職業訓練塾だ。塾は小学校の跡地を利用し、2016年に開講した。1年に40人が卒業し、ほとんどの卒業生が建設現場で活躍する。

塾は、人手不足に悩む建設業の担い手を育成しようと誕生。建設業界への就職を希望する人が2カ月間の訓練を受ける。座学や実習の後、左官や塗装、クロス・床張りなど希望する内装9職種から選択し、専門的な工事実習を受けることができる。

塾は現場で働く現役の職人が講師を担当する。塾生が建設現場を身近に感じ、就職後に現実と理想にギャップを感じることが少ないという。

必要な資格も取得でき、卒業後は塾を構成する建設会社などに勤める。厚生労働省の支援事業を使い、訓練費用や資格取得費用は無料。廃業した温泉旅館の寮を無償で借り、かかる費用は食費だけだという。

塾の講師を務める同市の武田建装社長の武田茂夫さん（51）は「新卒で現場に入ってきても丁寧に技術を教えることができなかった。育成塾できっちり教えるので、現場で即戦力になる」と成果を感じる。塾生の浜口恵里花さん（23）は「見たことも触ったこともない器具に触れることができる」と実感。卒業して現場で活躍する宮脇修二さん（38）は「本格的に学べたので大きな意味があった」と振り返る。

離職率が50％といわれる建設業界で、卒業生の離職率はわずか15％にとどまる。

国土交通省によると建設業就業者は97年の６８５万人をピークに、16年は４９２万人にまで減った。高齢化も進行している。同省によると、建設業就業者は55歳以上が34％なのに対して29歳以下はわずか11％。他産業と比較して人材の年齢差が大きい。60歳以上の建設従事者は約80万人。業界はこの世代が10年後に引退する恐れがあるとして、若い職人を独り立ちさせようと育成を急ぐ。

しかし、中小零細企業が多く、職人希望者が入職しても人材育成のコストを負担できない。教える側と教えられる側の世代間ギャップも大きいこともあり、スキルアップが進まない現状がある。

このため、建設業界は各地で「職人育成塾」を設立。行政主体ではなく、業界団体や各社が共同で出資して塾を設立し、若者の入職促進に動き始める。入塾する若者にとっても、これまでの業界になかった横のつながりができる大きな利点がある。

■ 慶應義塾大学大学院政策・メディア研究科　高橋俊介　特任教授

〝個〟を尊重　挑戦支えよ

どの産業も若い有能な人材を求めている。就職前線は「超売り手市場」ともいわれ、若者は引っ張りだこだ。人材育成の鍵について、慶應義塾大学大学院政策・メディア研究科の高橋俊介特任教授に聞いた。

――若者の特徴をどう見ますか。

若者は多様化している。ひとくくりにはできない。ただ、全般的に、受け身の若者が増えている。教わることが前提で、自ら考える若者が減っている。インターネットが普及し、検索すれば正解が出てくる時代に育った。マニュアルに依存し、言われた通りに動く傾向がある。

一方、人生を会社に丸投げするタイプも減った。仕事と暮らしのバランスを非常に重視する世代だ。外車を乗り回す、ブランドに憧れるといった物質的な豊かさに関心を示さないのも、今の世代の特徴といえる。

――人材育成の鍵は、ずばり何ですか。

作業員やオペレーターら〝数〟として若者を見るのではなく、〝個〟として育てることが欠かせない。有能な人を獲得することより、どう育てるかを考えてほしい。

人材育成とは、スキルや知識を与えることではない。気付きがある場こそが人を育てる。なぜその仕事をするのか、価値を伝える。質問し内省させ精神的に励ます。反対に、若者力が発揮できない組織や地域は、コミュニケーションがない。昔に比べて年の離れた人と話す経験が乏しいのに、社会に出て大人に囲まれ、若者は孤独になる。

人が足りずに困っているだけの地域や組織を、若者は選ばない。若者が活躍している場は、共通して変革、創造に前向きだ。そして若者が若者を呼び込む好循環がある。

かつて大企業を志向していた学生は今、別の考えを持つ。目先の金もうけや安泰より、社会や地域に関わることで自己実現したいと考える。組織や自分のためでなく、「世の中を良くしたい」との思いが強く、その挑戦ができる土俵を求めている。若者が納得できる、新たなチャレンジができる組織や地域が選ばれる。

農村×若者へのメッセージ4　『ソトコト』編集長　指出一正氏

「伸びしろ視点」育め　つながる生き方

20、30代は、これまでの世代と違う価値観で物事を見ている人が増えている。例えば石垣が崩れている棚田。壊れて生産条件が厳しい田んぼだと捉える世代が多い。だが、20、30代は歴史をつむいできた魅力あるものと捉える。そして、米を作って売って、インターネット上で資金を調達するクラウドファンディングを活用して石垣を直そう、という発想になる。若者力とは「伸びしろのある視点」。その伸びしろをどう生かすかが大切になっている。

移住する若者を、その「数」で捉えるのではなく、「個」の意義を共有したい。100人が移住する大ブームを起こすのではなく、住民と共に地域をつくる一人を大切にしよう。「個」をいかに観察し、見守ることができるかが、社会、大人に問われている。

40代から上の世代は、「都会は仕事があって稼げるが、田舎は仕事がないから生きていけない」と思い込んでいる。若者が田舎に来ると「ここでは生きていけない」と心配する。だが、今の若

『ソトコト』編集長
指出一正氏

者は、都市部で神経をすり減らして仕事をして、財産や地位を守る稼ぎ方に限界があることに気付いている。それよりも里山に価値を発見して、自分なりの〝ナリワイ〟を見つけようとする。いろいろな分野の人とつながって共感することで、お金だけではない豊かな生き方を求めている。

1980、90年代の若者は車や高級時計など物に価値を見いだし、2000年代は経営学修士（MBA）など経験や資格を重視する価値観に変わった。そして今は「関わり」を求めている。クラウドファンディングやSNS（インターネット交流サイト）、里山に通い続けるなど、関係性にこそ価値を感じている。

里山に移住する若者は、軽やかにおしゃれに農業を捉えている。だから、農業で規模を重視しない。農業の高度化や大規模化を求めていないともいえる。それをみると、先輩の農家は「農業を甘く見るな」「これではもうからない」と、せっかくの新しい価値観を否定してしまう。それでは駄目だ。

若者が移住し、農業で挫折するなど「失敗例」を教えてほしいとよく言われる。しかし失敗は、都会にも企業にもたくさんある。失敗例を聞いて「やっぱり」と若者を否定的に見るよりも、若者と一緒に地域をつくった方が未来が開ける。

得てして、農村部でゆっくり農業をしながら自分の暮らしをつくりたい若者世代の軸と、農業の将来を考え、担い手を求めるJAや行政の軸にはずれが生じてしまう。そこは受け入れ側が、若者の声をしっかりと聞いて、新しい価値観を受け入れながら寄り添ってほしい。

若者は、農業を社会に関わっていることがダイレクトに実感できる「カッコイイ職業」だと思っている。自分たちが作ったもので、誰かを幸せにすることができると感じているからだ。そこに共感し、若者は農村で農業に取り組む。ユニークで柔軟な価値観と、個性を受け止めながら、若者が主役の新しいまちをつくってほしい。

〈プロフィル〉さしで・かずまさ

1969年、群馬県高崎市生まれ。10万部を売り上げる月刊誌『ソトコト』の編集長を11年から務め、年間100以上の地域を歩く。著書に『ぼくらは地方で幸せを見つけるソトコト流ローカル再生論』など。

第4部

つながる

若者の持つ「つながる」力。しがらみや固定観念といった垣根を超えて、世界、都市、地域の多世代をつなげ、コミュニティーを生み出す。協同労働、インターネット交流サイト（SNS）や地域内編集といった情報発信、地域資源の活用などさまざまなつながる手法を通じ、国境、世代間や都市との壁を乗り越える。若者たちのつながりを通じた挑戦を報告する。

1 仕事×地域課題　自伐型林業を実践　里山再生　協同式で

元エステティシャンで子育て中の名城千鶴さん（35）が、チェーンソーで木を切り倒す。数キロに上る山道は数年かけ、仲間と作った。

中山間地域の兵庫県豊岡市竹野町。2012年。山に囲まれたこの町に、30代の若者たちが協同組合組織「NextGreen但馬」をつくった。メンバー5人は自分たちで間伐し、木材を搬出する「自伐型林業」を実践する。名城さんもその一員。全員が組合員、働き手、経営者、出資者。そんな協同組合組織の経営を通じ、里山再生という地域課題を仕事にした。

住民から任された里山35ヘクタール、梅園1ヘクタールの管理の他、〝森の6次産業化〟にも力を入れる。「木工品作りも、子ども向けの森の勉強会も手応えがある。自分で考え、提案する働き方は、楽しい」と笑顔の名城さん。エステでの仕事とは一転して、山に向かう日々だ。以前

チェンソーで木を切る名城さん㊧。仲間たちと協同組合形式で自伐型林業を挑戦し、中山間地域の山を守る（兵庫県豊岡市で）

つながる

よりずっと、仕事に充実感を感じる。

協同組合方式で働くことは自然な流れだった。メンバーの元井賢さん（36）は「組織の形にこだわりはなかった。持続的に山を守る価値に共感した仲間が集まり、話し合う中で1人1票制の協同組合方式での経営になった」と明かす。人付き合いは苦手という元井さん。営利優先でなく、助け合う働き方は「自分に向いている」と思う。自分の役割を実感できるからだ。

若者の仕事ぶりに、近所に住む福井鶴枝さん（90）は「放置していた山を若い人がきれいにしてくれて、みんな感謝しているのよ」とうれしそうだ。ここ数年、広島や宮城県内でも協同組合方式の林業組織が設立される波及効果もある。

組合員の減少や高齢化が進み、構造改革が押し寄せる協同組合。しかし、若者たちにとって協同組合は遠い存在ではない。日本労働者協同組合連合会の15年度の組合員数は10年間で4割増の1万3151人、事業高は6割増の333億円。組合員数、事業費ともに右肩上がりという。かつて組合員は中高年の女性が大半だったが、近年では20、30代の増加が目立つ。

連帯して働く若者による農村での仕事おこし。同連合会の中野理理事は「協同組合の理念を学ぶというより、若者はもっと自然な感覚。事業を通じ、助け合いで地域の課題解決を目指す協同組合の手法が今、若者に自然と受け入れられている」と分析する。

岐阜県郡上市の石徹白集落。14年に集落のほぼ全100戸が出資して小水力発電をする農業協同組合が発足した。老朽化する農業用水路の復旧という課題に、地域に活力を取り戻そうと若い移住者と住民が手を携えた。発電で得た収入を財源に、水路の改修や荒地を復活させてスイートコーンや米を栽培するなど、農村の維持を担う。

組合の営農部である集落営農組織も、若い移住者が活躍し、地元の若者も作業に励む。組合長の上村源悟さん（67）は「協同組合は若者も高齢者もみんなで関わり地域を盛り上げる。若い人の協力で耕作放棄地が田畑になり、景観が美しくなっていく」と喜ぶ。若者の行動力が、協同組合と農村の展望を切り開く。

■識者の目　和歌山大学地域活性化総合センターの岸上光克准教授
柔軟に支え合う感覚　自然と

若者の協同組合への関心は確かに強まっている。バブル崩壊後に生まれた若者は、市場経済に疑問を持つ中で、どう生きるかを考えた時、協同という働き方、地域の在り方に行き着く。歴史ある協同組合の理念に賛同するというより、柔軟に支え合い、つながって助け合う感覚が自然と身についている世代だ。若い世代は今、立場や力に関わらず、誰もを切り捨てしない協同組合の可能性を感じている。

2 畑×コミュニティー　給食の喜び「励み」　地域内自給高める

猿対策のため、天井まで囲った柵の中にある畑。どの農地も、山に沿う急傾斜地にある。

高知県大川村。人口は400人。離島を除けば日本で一番少ない村。村議会議員の成り手不足から議会の存続問題に発展し、全国的に注目された村でもある。

この村で、猿被害で農業を諦めていた高齢者のやる気を引き出し、子どもに温かい地場産給食を毎日届ける取り組みが進む。若者の地道な呼び掛けが実を結んだ。同村の農家、和田将之さん（27）は言う。「過疎化が進む寂れた地域ではない。前向きな農家や若者が大勢いる。地場産給食をきっかけに、村は元気になった」

同村の給食の地産地消率は62％。全国平均26％を大きく上回る。給食センターは村の地域づくりを担う「結いの里運営協議会」の20、30代が運営。若者が地場産給食を通じ、行政と高齢農家、

野菜を作る農家㊨らの協力で、給食向けに出荷するダイコンを収穫体験する園児や保護者たち。猿被害で四方八方を囲む柵の中で畑を耕す（高知県大川村で）

つながる

子どもをつなげた。

2016年春。村に給食センターができた。かつては隣町から40分以上、山道を進んで配食。雨で道路が通行止めになれば、給食は届かない。センター設置に伴い、食材の調達も見直された。

給食向けに野菜を出荷する仕組みを若者がゼロから作った。15年に静岡県からUターンした同協議会会長、平賀洋司さん（37）は、メニューから食材の費用、野菜出荷の手法を示し、調理員ら人材確保に奔走した。

前橋市出身の和田さんは、16集落の全農家を訪問。野菜一本でも出してほしいと伝えた。当初は、大半の農家から猿の被害を理由に断られた。

手探りで始めた給食事業。スタート時は市場で購入した野菜が中心だった。平賀さんや和田さんらの諦めない姿と、温かい給食を喜ぶ子どもの声に、協力農家は少しずつ増加。猿の被害対策のネットや柵をし、農家は再び畑に向かった。

1日平均65食の給食。当初の地産地消率は1割程度だったが、2017年の夏には8割を超す日もあった。村の農家の3割、20世帯が給食向けに野菜を作る。和田さんは「温かい給食を子どもに食べてほしい。農家に再び耕してほしい。二つの願いで動いた。役場と村民をつなぐことができた」と自負する。

地場産給食の仕掛けにより、農家に出荷意欲が芽生えた。毎朝、農家が集落の野菜を集め、給食センターに運ぶ。毎月の会議では献立を元に、日ごとに誰が出荷するか分担する。農家の川上忠昭さん（84）は「近所の子どもとの会話が増えた。猿に負けず、10年後までに、魚と牛乳を除く地産地消率9割を目指す」と張り切る。給食の他、食堂や産直などを手掛ける同協議会。雇用を創出し、移住者も受け入れる。

都会でも、若い農家たちは地域内自給を高めることに意欲的だ。東京都小平市。市内の小・中学生1万5000人分に向け、野菜を供給するのは、JA東京むさし小平支店の若い農家たちだ。地場産野菜の供給10年目を迎える2018年は、都内の自治体で初めて地産地消の割合30％を達成する見通し。小平市の農家、久米堅裕さん（36）は「イベントで子どもと給食を一緒に食べるのは励み。食べてくれる人と直接会話できるのがうれしい」と実感する。食の地域内自給を進める若者たちが、多世代とつながり、地元のコミュニティーを深めていく。

■識者の目　長野大学環境ツーリズム学部・相川陽一准教授

顔が見える関係性を重視

若い世代は、地元で農作物を消費してもらうことを大切にしている。地産地消の広がりを通じ、お年寄りから子ども、地域の世代を超えてつながる。収益目当てだけでなく、顔が見える関係づくりや会いに行ける距離感を重視して、産直、給食や飲食店への出荷の仕組みをつながりながら楽しんで作っている。

3 農村×都市 仲間募り稼ぐ提案 里山共感へ〝投資〟

つながる

宮崎県美郷町の渡川《どがわ》地区。週末に都市住民でにぎわう。地元の手作り弁当が人気を呼ぶなど、新たな〝稼ぎ〟を生んだ。きっかけは、若者の提案と行動力だった。

同町は高齢化率5割を超える。だが、田園回帰の潮流が変革を起こした。渡川地区は人口３００人の３割を39歳以下が占める。ここ10年、移住が相次ぐ。田舎暮らしに憧れた若者が移り住み、その若者が始めた取り組みに、魅力を感じた若者が集まる。若者が若者を呼ぶ移住の連鎖。Uターンも増えた。

若者の呼び掛けで始まった「渡川みらい会議」。行政や高齢者、ＪＡ職員、児童ら多くの住民が集まり定期的に開く。地域の将来を本気で膝を突き合わせて考える。

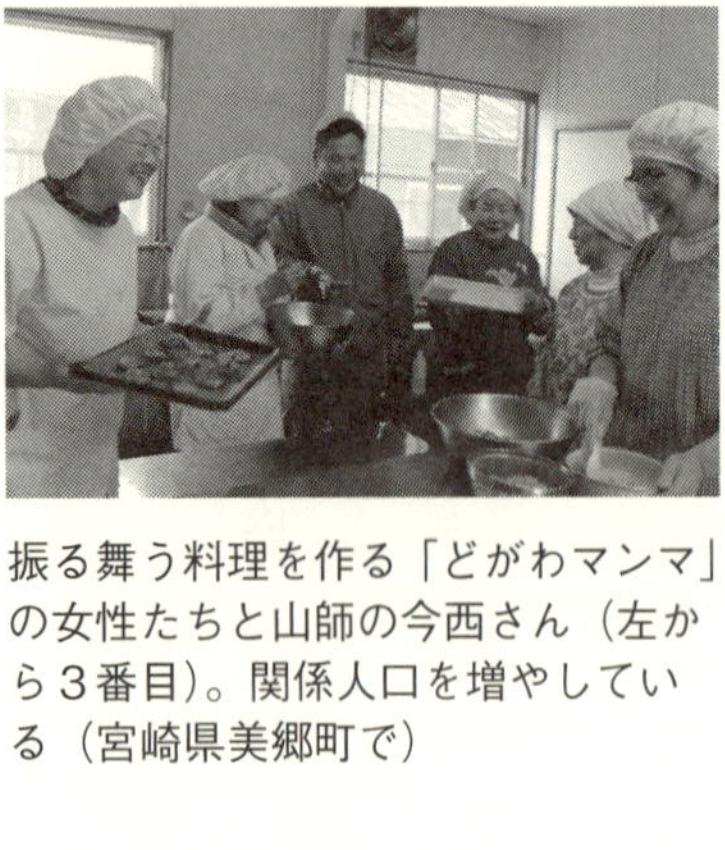

振る舞う料理を作る「どがわマンマ」の女性たちと山師の今西さん（左から３番目）。関係人口を増やしている（宮崎県美郷町で）

そこから「どがわマンマ」のカフェが生まれた。同地区を訪れる人がいつでも弁当を食べられる場所を提供。その資金はインターネットを通じ寄付を募る「クラウドファンディング」を活用した。地区外に住む150人から、150万円を集めることに成功した。

地域からはこんな声が上がった。「若者ならではの提案。遠く離れた都市住民の支援をこんな形で受けることができるとは。驚いた」

カフェで人気の手作り弁当。地元の平均年齢70歳、通称「どがわマンマ」の女性5人が、朝から作る。5年前は出勤が週2回だったが、今は毎日。売上高は「企業秘密」だが、日当は5年で4倍になった。「つまらない山奥と思っていた。でも、若い人の後押しで、この年でやる気になった」。メンバーで農家の岩谷節子さん(70)が張り切る。

若者の活動は多様だ。地域をPRする動画、コンサートや祭り、新聞発行、里山塾……。「地域の人と地域外の人がつながり、前に進んでいる。住民同士の関係が深まった」と、地元で育ち、シイタケを栽培する今西猛さん(35)。離れていてもつながる都市と農村。新しい形が生まれた。

同地区だけではない。地方発のプロジェクトを助言する宮崎市の斉藤潤一さん(38)は、同地区を含め、ここ数年で30以上の事業を後押しする。伝統野菜の栽培、交流拠点づくり、直売所開設など、「市場ニーズを読み価値を高め、共感が生まれ、地域ににぎわいが生まれる。稼げる地域になる」と斉藤さん。交流だけでなく、地域が稼ぐことを重視。新たな投資やイベント、動画作成といった人が地域に共感する仕掛けを作ってきた。

クラウドファンディングを活用し、キュウリの伝統品種を栽培する同県新富町の農家、猪俣太一さん（29）は「仲間を増やし稼ぐ農業を目指し地域に還元する。自分の利益だけを追求するよりワクワクする」と感じる。

矢野経済研究所の調査によると、2016年度のクラウドファンディングの市場規模は746億円。前年度比97％増という伸び率だ。

地域活性化に特化したクラウドファンディング「FAAVO」を作った斉藤隆太さん（32）は「共感をキーワードに資金を確保し、都会にいる地方出身者や地域と関わりたい都市住民と地方をつなぐ」と意義を説明する。関係づくりを模索する農山村も「全国に広がる」（斉藤さん）という。移住や観光だけでない。新たな都市と農村の関係をつくる挑戦が、各地で動きだしている。

■識者の目　早稲田大学研究院・赤井厚雄客員教授

幅広い世代集い　挑戦支え

クラウドファンディングなどの〝ふるさと投資〟は、つながりを育む重要な手段だ。都市住民にとっては地域とのネットワークが生まれる。地域にとっては資金調達だけでなく、情報発信も期待でき、次のステップにつながる意義を持つ。ふるさと投資は、新しい都市と農村の結び付きだ。若者を中心に起きたふるさと投資は今、幅広い世代の共感を集め、地域の挑戦を支えている。

4　ファン×産地　〝物語〟と食材発信　雑誌通じ魅力発見

地元の情報を発信する雑誌が産地と消費者をつなぐ。〝記者〟は地域の魅力を発掘する若者だ。山形県から2カ月に1回発行される『山形食べる通信』を作るのは、鶴岡市に住む編集長、松本典子さん（34）だ。

食べる通信は、伝統野菜など地元の食材を取り上げ、生産者のストーリーやおいしい食べ方の紹介とともに、食材をセットで送る情報誌。全国で37の食べる通信が発刊される。山形もその一つ。

松本さんは、東京で編集者として働いた後、結婚を機に2013年に移住した。理由は「山形の農産物に胃袋をつかまれた」。創刊のきっかけは「生産者と消費者のミスマッチの解消」だという。地元の伝統野菜は産直市場などで販売されても売れ残ることがあった。消費者は伝統野菜に興味を示すが「料理の仕方が分からない」など

生産者の忠鉢さん㊨と温海かぶについて話し合う松本さん㊧（山形県鶴岡市で）

を理由に、購入まで至らない。生産者と消費者の懸け橋になることを決意。15年に創刊した。

創刊時からの読者である、東京都世田谷区の金光由美子さん（40）は「手にしたことがなかった食材と出合えることが楽しみ。作り手が見え、生産ストーリーもある」と魅力を話す。松本さんには多くの読者から「山形出身者だけど知らなかった」「農家の苦労を知ることができた」などの声が寄せられる。

食べる通信は生産者にとっても大きな効果をもたらす。「松本さんの発案で生食が可能だと気付いた」と話すのは伝統野菜「温海かぶ」を生産する温海町森林組合の忠鉢春香さん（37）。16年12月号で「焼畑あつみかぶ」を取り上げる際、松本さんが生野菜として温海かぶを食すことを提案。これまで漬物で食べることが当然とされてきたが、松本さんの提案がこれまでの常識を覆し、消費の幅が広がった。食べる通信をきっかけに温海かぶの認知度は上がり、九州の料亭が直に買い付けを申し入れてきたという。忠鉢さんは「地元出身者では気付けないことを教えてくれた」と感謝する。

食べる通信は13年に岩手県花巻市の事業家、高橋博之さん（43）らが『東北食べる通信』を創刊したのが始まり。その取り組みが全国に広がった。編集者は1次産業関係者とは限らず、地域に魅了された若い移住者も多い。現在、全国の食べる通信を統括する「日本食べる通信リーグ」の代表も務める高橋さんは「編集者は農産物の裏側を可視化しているため、消費者には有益な情報を提供し、生産者は読者から正当な評価を受けることができる」と広まる理由を分析する。

食べる通信だけではない。全国各地で、農村の魅力や地域の農家を取材し、独自の雑誌を発刊する若い記者が活躍する。奈良県川上村に地域おこし協力隊の一員として移住した米国人のマタレーゼ・エリックさん（31）は『ＵｐｓｔｒｅａｍＤａｙｓ上流の日々』を17年6月に発行した。日本の都市住民や米国人が対象。日本の読者からは「茶がゆ」など昔ながらの食文化を懐かしむ声が寄せられる。米国からは柿の葉ずしへ関心が高かった。

エリックさんは「村民は、雨の日も、雪の日も畑に行き、在来の種で野菜を作り続けている。読者はその農家が丁寧に作る冬のハクサイやダイコンに魅力を感じている」。雑誌が農家と消費者をつなぐ懸け橋になっている。

■識者の目　『ローカルメディアの作り方』の著者で編集者の影山裕樹さん

読者と記者　ニーズがっちり

誰もが興味を持つニュースがなくなり、大手マスメディアが衰退している。対して『食べる通信』などの地方や農業、食材を題材にした小雑誌は読者と記者の間に相互交流があり、記者から読者の顔が見えているのが特徴だ。読者ターゲットを決め、どのような情報を発信していくかを決める時代だ。

5 海外×日本　SNSで農村PR　誘客、地域に好循環

つながる

若者の行動力、発信力は世界をまたに掛ける。インターネット上の交流サイト（SNS）で日本の農村文化をPRすることで、海外の目を日本に引き付ける。

銀世界の広がる新潟県妙高市矢代地区。時には2、3メートルの雪が積もる。いくつものスキー場があり、台湾や香港などから観光客が、来日する。インバウンド（訪日外国人）誘致の仕掛け人は、農家の服部純さん（34）の妻、蔡紋如（サイ・ウェンル）さん（30）だ。

蔡さんはSNSのフェイスブックや写真共有アプリ「インスタグラム」に写真を定期的に投稿。観光名所や絶景ではなく、積雪の様子や農作業など、農村の日常を伝える。「台湾は布団を敷く文化がなく、そういったことにも新鮮さを感じている」と蔡さん。

地元のネギについて教えてもらう蔡さん（右）（新潟県妙高市で）

蔡さんは台湾出身。学生時代から日本で交流を広め、大学卒業後には、ワーキングホリデー制

度を利用して来日。服部さんと出会い結婚、2014年に移住した。同市が台湾への観光誘致に力を入れ始めたタイミングと重なり、市と同市の民間業者で組織する「妙高観光推進協議会」のインバウンド担当に抜てきされた。

蔡さんの投稿により、海外から「今まで見たことがない日本の農村の風景に感動した」などの声が寄せられる。フェイスブックを通じて農家民宿の手配依頼を受けることも増えた。「妙高の人の温かさを旅行者に感じてもらい、祖国に帰っても伝えて欲しい。妙高を盛り上げたい」(蔡さん)。

同市へのインバウンドは15年の150人から16年は320人に倍増。農家民宿利用者も当初は2、3カ月に1組だったが、現在は1カ月に1組以上が訪れる。

民泊の受け入れが、地域の刺激になっている。受け入れ農家の丸山信之さん(70)と妻・美津子さん(62)は、「同じ集落の人とあいさつだけの関係だったが今では酒を飲み交わすほど関係が深まった」と話す。旅行者への対応を話し合ったりすることで、近所付き合いが深まった。想定外の効果が生まれている。

茶畑や竹林が広がる静岡県藤枝市で竹を出荷する梶山大輔さん(34)はイスラエル人の妻・イラさん(37)と農家民宿を経営する。自らバックパッカーで世界を巡った経験と、語学力を生かし、米国の民宿紹介サイト「エアビーアンドビー」に登録。同市の自然や農業、日本文化をPRし、海外からの宿泊者を募る。米国やオーストラリアなどから、これまでに600人が宿泊。その宿泊者が友人に紹介し、その友人が宿泊に来るという好循環も生まれている。梶山さんは「民宿は日本の文化や人間模様を感じることができ、ホテルでは感じられない良さがある」と明かす。

藤枝市中山間地域活性化推進課の小林麻佐子さん（46）は「地域の人たちは海外の人たちとの出会いを喜んでいる。地域が明るくなった」と実感する。若者の行動が、地域と海外との絆を深めるだけでなく、地域間の絆を深めている。

■識者の目　東洋大学　国際地域学部・沼尾波子教授

体験や思い共有　カジュアルに

若者は農山村で、国内外問わず人や場所とつながっている。インターネットによって、世界との距離が近くなっている。若者と世界との関わりを見ると、政府が進めるグローバル化、輸出、英語教育といったイメージとは少し異なる。もっとカジュアルに海外とコミュニケーションを深め、体験や思いを共有しているのが特徴だ。海外に行き日本の農山村を見つめ直す若者も多い。

農村×若者へのメッセージ5　GOBO代表　阿部成美氏

共感の価値観　つながりから芽吹く

若い世代は、ライフスタイルを大切にし、人と人とがつながることによる共感性を重視している。何かの役に立ちたいという貢献欲が強いのも特徴。その価値観から、人間の基となる食を生み出す農業は、尊い産業だと感じている。そこに魅力を感じ、就農したり、農業に関わる仕事を選んだりしている。

農村部に、その若者の発想をつぶさずに受け止める姿勢があるかどうか。そこに新しい芽を育てられるかの差が出る。

GOBO代表
阿部成美氏

若い世代の価値観は変わってきている。仕事に対し、特に都市部では、大企業に身をささげるという考え方が薄い。企業が成長していた時代は、その企業が海外進出や多店舗展開などをすることで、成果を実感できた。

今は社会が成熟し、仕組みが複雑になっているため、会社で働くことがどう社会に役立っているかが見えにくくなっている。それよりも、何か自分の身近にある確かなもので、社会に役に立つことを見つけたいと考える人が多い。

東日本大震災の発生で、身近な人との絆を深めることや、ふるさとの重要性を痛切に感じている世代でもある。平日は会社でしっかりと働き、休日はボランティアや援農など自分の好きなことに汗を流す。仕事と生活を切り離し、自分の時間を大切にしながら、社会に何らかの形で関わろうとしている。

価値観の変化は、消費の形も変えた。ブランド品や高級な車などに価値観を求める意識は薄れ、それよりも、そのものの歴史や意味に価値を見ている。その商品に込められている思いやビジョンに共感することが購買行動につながる。

SNS（インターネット交流サイト）での本人の投稿を楽しみに歌手やアイドルを応援するのもそう。インターネットで資金を調達するクラウドファンディングはまさに、取り組みに共感し関わりたいという人が資金を出すことで成り立っている。

私が代表を務めるGOBOは、大学時代に農業系のサークルや学生団体で活動したOBとOGを中心に、食と農業に熱い思いを持った若手社会人のネットワーク組織。100人ほどが参加しており、農業を面白くするために何ができるかを熱く語り合い、いずれ就農や農村部への移住を考えている仲間もいる。

GOBOのメンバーを含め、自分たちが農業・農村を変えたい、貢献したいと思っている若者は多い。ただ、思いが強過ぎて、勝手なことを言うかもしれない。否定せずに面白がって聞いてほしい。対話を重ねて、パートナーにしてほしい。

化学反応は、何かと何かが混ざらないと起こらない。農村部の伝統や文化と、若者の新しい感性や多業界のスキルが混ざり合うことで、新しい何かが生まれる。若者は消費者としての考え方を持っている。それを農産物の販売戦略などに、うまく生かしてほしい。一緒に学んで、つながって、動く。それがＧＯＢＯの方針。それは農村部でも一緒。そこに新しい芽が出るのだと思う。

〈プロフィル〉あべ・なるみ

１９９１年、山口県生まれ。京都大学を卒業し、大手広告代理店に勤務。若者など生活者のトレンドを調査しながら、企業のブランド力を高めるプランナーを務める。大学の農業系のサークルのＯＢとＯＧなどでつくるＧＯＢＯの代表に２０１７年１月就任。

第5部

居場所求めて

現代社会の若者は、欲がないとされる「さとり世代」、詰め込み型でない教育を受けた「ゆとり世代」などとも紹介される。親やそれ以上の世代とは生き方、働き方などで違う価値観を持ちながら、地域の社会や経済にこれから向かい合っていく。農村を選び、そこで成長していこうとする若者と、「若者力」を育む地域。居場所を探し求める若者や、包容する地域の姿を探る。

1 変わる農村像 幸せの形 私が決める

「こんな村いやだ。俺らこんな村いやだ。東京へ出るだ」。1984年、歌手、吉幾三さんのヒット曲。テレビもラジオもない古里を出て、主人公が東京へ出ようとする歌詞だ。

35年前、こんなイメージを持たれがちだった農山村は、今の若者たちにどう映るのか。複数の仕事で生計を立てる生き方を実践し、農山村で暮らす若者にファンが多い伊藤洋志さん（38）が言う。

「日本全国、テレビもラジオもインターネットもある。違いがあるとしたら人間関係の風通しの善しあしだけ。農山村でも都会でも風通しが良ければ楽しく暮らせるし、人は来る」。東京が最先端という考えは、若者の目線では大きく変わりつつある。

慣れ親しんだ街の明かりを見つめ、農村の思いを明かす神山さん（東京都多摩市で）

居場所求めて

■多様な〝普通〟

東京のＪＲ有楽町駅近くにあるふるさと回帰支援センター。移住相談に訪れる中心層は団塊世代から若者層へシフトし、２０１７年の相談件数は過去最高の３万件を突破した。移住を希望する若者の性格も背景も学歴も多様。農山村に特別な偏見も、理想郷という特別な憧れもない。〝普通〟の若者が来訪する。

多摩市の司法書士事務所で働く神山桃さん（22）もその一人。同センターで出会った農家の話にときめき、地方暮らしを模索する。「誰でも受け入れる、逃げ込めるような交流の場所をつくりたい」と神山さん。大阪、東京と都会で暮らし、不登校や大学中退といった経験を経て、ずっと自分の居場所を見つけられずにいた。

幼少期、夏休みに通った和歌山の親戚の田畑や家で遊んだ思い出が忘れられない。「農村で暮らしてみたいって直感で思う。都会で出世し、金もうけする生き方ばかりが幸せじゃない」。神山さんは言う。

■共に学び成長

一見ひ弱に思える若者が、農村のたくましさや包容力に気付き、成長していく。若者の気付きや学びを通じ、農村もまた成長する。センターの嵩和雄副事務局長は、そんな姿を見てきた。「東京にいたら何百万分の１の存在。だが地方はその母数が圧倒的に小さく、自分を確認できる。移住して地域を何とかしたいという思いと共に、自分自身が助けられたいという気持ちが根底にある」。嵩副事務局長は若者の考えをそう解き明かす。

スマートフォンが普及しインターネットで世界中と交流できる時代。都市と農村の垣根を越え、発信しつながり、行動する若者の力。しかし、傷つきやすいのもまた、現代社会を生きる日本の若者の特徴でもある。

「若者論」を長年研究してきた大妻女子大学の小谷敏教授は「転ばないように大人に囲まれて育った今の若者たち。金や出世より、居心地の良い居場所を求めている」と指摘する。居場所がないと感じる若者が多く、日本では若者の死因1位が自殺。若者の自己肯定感も、政府の調査では米国（86％）、英国（83％）など欧米に比べて、日本（46％）は著しく低いことも分かっている。

小谷教授は、若者が求める居場所を都会や農村というくくりで単純に考えることも戒める。「役割を感じ胸襟を開ける地域や組織に若者は集まり、その力を発揮できる」と分析している。

■若者の自己肯定感に関する意識調査

13～29歳を対象に「自分自身に満足している」かを内閣府が調査（２０１３年度）。「そう思う」「どちらかと言えばそう思う」は欧米より日本は低い。「日本の若者は自分を肯定的に捉える割合が低い」（内閣府）とみる。

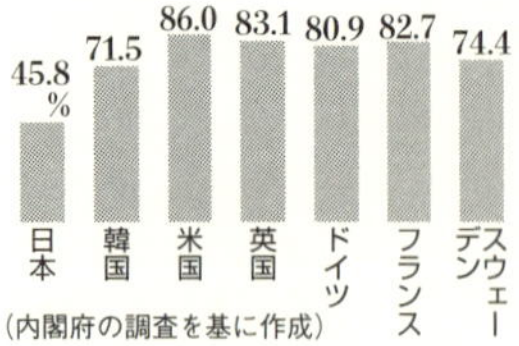

（内閣府の調査を基に作成）

居場所求めて

2　失敗してもいい　ありのまま迎え応援

20歳前後の店員と地域住民が談笑する山形県米沢市の会員制居酒屋「結《ゆい》」。帰り際、常連客の農家が店員に「応援しているよ」と語り掛けた。

居酒屋は、白石祥和さん（36）が5年前につくった。働くのは、社会に生きづらさを感じていた若者たち。注文を間違えることもある。うまく接客ができないこともある。そんな若者を応援する地域住民らが会員となって支える。その数は、4000人を突破した。

白石さん（右から2人目）が開いた会員制居酒屋「結」。慣れない接客でも、常連客が温かく見守る（山形県米沢市で）

■「育む」視点で

居酒屋のコンセプトは「失敗しても良い」。若者の就業支援ができる場所をつくろうと白石さんらがNPO法人を設立。若者の居場所づくりと地域再生を目指し、フリースクールやカフェ経営などを行う。リンゴの収穫など農作業も重要な取り組みの柱だ。

「居場所が地域にあれば、救われる若者はたくさんいる。できないところに目を向けるのではなく、誰もが持つ〝若者力〟を育てていこうという視点で迎えれば、若者は変わる」。白石さんは確信する。

居酒屋の店員から、農家に〝弟子入り〟するなど社会に出た〝卒業生〟は40人を超す。「結」で働く栗野百花さん（23）は「お客さんが励ましてくれると自信になる。誰か一人でも分かってくれる人がいるだけで、自分が認められた気持ちになる」と明かす。今春に居酒屋を卒業し就職する予定だ。一人で育ててくれた母親に孝行したいという。

■へこんでも……

居酒屋「結」の会員の一人で東京都台東区出身の田中俊昭さん（49）は35歳の時に山形県飯豊町に移住し、就農した。仲間と新規就農のネットワーク組織をつくり、今では若者の就農を支える活動も行う。こうした農家のネットワークと「結」には、共通の源流があると田中さんは考える。「こうあるべきだという価値観を押し付けたり、相手の農業経営を否定したりしない。自分の失敗も含めて伝え、仲間を増やしていきたい」。つながりをつくり、失敗も挑戦も応援することが若者の力を育み、地域の力にもつながると感じる。

田中さんらのネットワークに参加し、尾花沢市で米を2ヘクタール近く作る伊藤慎哉さん（33）がはにかむ。「成功例より、リアルな失敗を乗り越えた話を仲間から聞いて勉強にしている。

販路も技術も失敗続きでへこむ時もあるが、仲間の話が励みになる」。米で経営を確立できるまで諦めないつもりだ。仲間や地域の励ましに応えたいという。包容力をみせる地域や組織に、若者が輝く。

若者が、ゲストハウスやシェアハウスなど自分たちの居場所や交流拠点をつくる動きが活発だ。インターネット交流サイト（ＳＮＳ）で気軽に情報発信し、他者と簡単につながることができる半面、そうした輪になじめない若者は孤立を深めやすい。

内閣府が毎年出す「子ども若者白書」。２０１７年は「若者にとっての人のつながり」を特集した。インターネットが自分の居場所と回答した若者は6割を超すといったデータを示し、孤立しがちな若者のつながりや助け合う大切さを訴えた。

■若者の居場所に関する調査

内閣府が15～29歳を対象にした若者と居場所に関する調査では、6割以上が「インターネット空間」が自分の居場所と回答した。内閣府は白書で、「若者を孤立から守ることが重要だ」と指摘する。

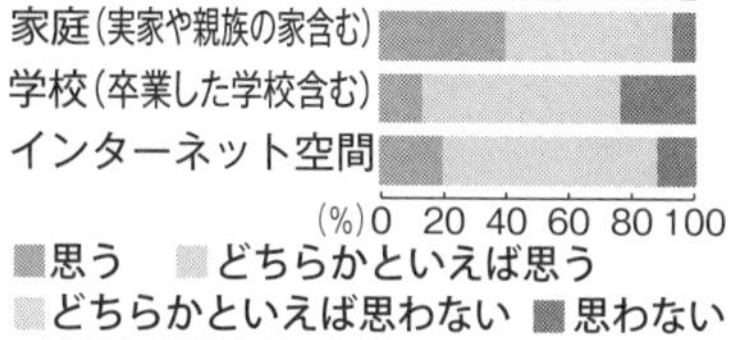

（内閣府の調査を基に作成）

「縁辺革命《えんぺん》」。今、離島や中山間地域など〝田舎の田舎〟ほど、若者が集まっている現象を指す。持続可能な地域社会総合研究所の藤山浩所長が名付けた。

若い女性の推移を見ると、過疎指定市町村の4割を超える327市町村で流入が超過している。転入者が転出者を上回る人口の「社会増」を実現した過疎市町村も1割を超える。増加率の上位を占めているのは離島や山間部の小さな町村だ。

藤山所長は「若者や女性の活躍する場があり、互いの顔が見える範囲の地域に、若者が向かう。小さな自治体こそ、若者の居場所をつくっている」と分析する。

■8人で300頭超

五島列島最北端の離島、長崎県佐世保市の宇久島。佐世保港からの高速船は1日1便。人口は2000人、15年間で半減した。高校を卒業すれば誰もが島外へ出ていく。人口減の流れが当たり前だった島に「縁辺革命」が起きている。

「20年前だったら、想定すらできないことが起きている。仲間ができてうれしい」。畜産農家の

居場所求めて

3 「縁辺革命」 牛の島 にぎわい新た

西尾光隆さん（31）が笑顔で語る。8年前に就農した西尾さんは当時、20年ぶりの農家と言われた。しかし今、20、30代の牛飼いは島に8人。畜産農家90戸1400頭のうち、8人が飼う牛は300頭を超え2割を占めるほどだ。

「最終的に、無人島になるんじゃないかと不安だった。だから少しでも手伝えば、高齢農家が牛を飼い続けることができると思って、草刈りや種付け、できることは何でもやった」と振り返る西尾さん。家畜人工授精師として島を周り、父親と増頭を進めた。そんなふうに頑張っていると、同世代が毎年1人ずつのペースで畜産農家としてUターンしてきた。

その一人、繁殖雌牛30頭を飼育する辻直哉さん（28）。県外に就職したが、島のコミュニティーと大きく異なる環境になじめず、3年前に島に戻った。実家の畜産を手伝う中で、獣医や西尾さんら仲間と知り合い、少しずつ経営に参画。今では「センスがある」と獣医師から褒められる。1年1産を上回る繁殖成績を残す。「廃れていくだけの島にはしたくない。同世代が多く、牛で島を盛り上げることがきっとできる」。都会の会社員時代は実感できなかった、役割と手応えを感じる。

■大きな推進力

総務省が2月に発表した田園回帰の調査でも、人

西尾さん㊨の新設した牛舎で牛を観察する20、30代の若手農家。毎月、勉強会をするなど切磋琢磨し合う（長崎県佐世保市の宇久島で）

口が少ない地域ほど移住者が増えていることが分かった。北海道豊浦町、高知県大川村、鹿児島県十島村など人口5000人に満たない地域が並ぶ。佐世保市と合併した宇久島の潮流は、数字上で成果としては表れにくい。わずか8人。ただ島にとっては、大きな推進力だ。

和牛部会会長の西尾政喜さん（58）は若手農家の台頭で、島が活気づいていると感じる。「最近『若者の立場で考えよう』と言う農家が増えたよ。農家以外から声を掛けられる機会も多く、明るい話題が島に広がってきた」と喜ぶ。

島の基幹産業だった養蚕、福原オレンジが廃れた今、西尾さんは「島に残るは牛。若者が帰り、牛の島の将来像が描ける」と見据える。地域に、希望が見えている。

■ 2015年　実質社会増減率

持続可能な地域社会総合研究所が、死亡者数を除いた転出入による社会増減率を算出すると、都市部より条件の厳しい小さな自治体で人口の社会増を実現していた。熱心な移住促進策で人口を増やしている。

県市町村名	増減率
鹿児島県十島村	27.7％
新潟県粟島浦村	17.2
沖縄県与那国町	17.2
〃　渡名喜村	11.1
島根県海士町	9.4
〃　知夫村	8.3
高知県大川村	7.1
島根県西ノ島町	6.5
広島県大崎上島町	6.2
沖縄県座間味村	5.7
愛知県東栄町	5.6
和歌山県北山村	5.3
北海道ニセコ町	4.9
〃　厚真町	4.3
沖縄県竹富町	4.0
高知県北川村	4.0
山口県阿武町	3.9
福島県金山町	3.1
宮崎県木城町	3.1
長野県生坂村	3.0

※10年0～64歳と15年5～69歳を比較し、自然減を除く
（持続可能な地域社会総合研究所の資料を基に作成）

居場所求めて

4　働き方、暮らし　楽しさと　つながりと

何のために働きますか――。今の若者の働く目的は「楽しい生活をしたい」がトップだ。２０１７年は過去最高の43％を記録し、２０００年以降は「経済的に豊かになりたい」（26％）を上回る状況が続く。公益財団法人日本生産性本部が40年以上続ける調査からは、出世などの上昇志向が薄れていく「さとり世代」「ゆとり世代」の若者像が見え隠れする。

作業する重森さん㊥と話す川上さんと小田さん。重森さんは移住して「小さな楽しみが増えた」と笑顔で話す（島根県安来市で）

■地域と一体で

島根県安来市比田地区。４００戸が暮らす山あいのこの地区に、新たな働き方を模索した2人の若い女性が移住した。京都府出身の小田ちさとさん（31）と岡山県倉敷市出身の重森はるかさん（29）。仕事も暮らしも、つながる。そんな農山村の生き方を「ワクワクする」と感じる。

2人を受け入れるのは、住民80人でつくった、「えーひだカンパニー」。集落営農と地域運営組織の機能を持つ。16年に農家や商店の経営者、行政職員ら、住民有志が立ち上げた株式会社だ。米作りと、交通や観光交流、移住相談など多様な事業を進める。

高齢者、子ども、若者、誰もが同じ目線で、地域の将来像を話し合うワークショップを繰り返し、同社の設立は決まった。3年前に移住し、地域おこし協力隊として、地域組織の法人化に携わった小田さん。「住民が本気になって地域の未来を模索する姿に、すごいなって思った」。任期の3年を終える小田さんは、今春から同社を基軸に、農家として働く。

小田さんにとって同地区の魅力は温かさだ。「初対面の中学生が雪かきを手伝ってくれたことがある。うれしくて涙が出た。自信がなかった私だけど、地域の人のありがとうで変われる」

■「夢」の支えに

重森さんは、大手企業で働いていた。早朝から深夜まで働き詰めの暮らしが嫌になったわけではない。中山間地で農業をする夢があったから、移住した。女性1人の移住に「支えるよ」と言ってくれた優しさに、挑戦の地を決めた。

「競い合う都会とは違う、助け合う農村の暮らしと仕事。地に根っこを生やして生きる感覚がある」。重森さんは確かな居場所を感じている。

立ち上がったばかりの同社は、関わる役員はほぼ手弁当だ。そんな同社にとって、2人の若者は救世主でも労働力でもない〝同志〟。代表、川上義則さん（54）は「2人は住民に地域を深く知るきっかけをくれた。若者と一緒に地域も成長したい」と語る。期待し過ぎず偏見を持たず、仲間として受け入れる地域の懐の深さが、若者を引き付ける。

働き方改革を進める政府。分業時代、暮らしと仕事がつながった働き方を求める層も目立ってきた。会計検査院の調べでは、農林漁業の新規就業者雇用事業で助成金対象となったうち、35％が3年未満で離職している。厚生労働省の調べでは、大学新卒の3年未満の離職率も3割台だ。

慶應義塾大学の高橋俊介特任教授は「単なる労働力ではなく、〝個〟として向き合うことが、若者を受け入れる組織や地域の鍵となる」と指摘。終身雇用が崩れ「自分らしい働き方」を模索する若者たち。その模索に応える本気度が、農業、農村に問われている。

■働くための意識調査

40年以上続く調査では、働く目的が経済性から楽しさに変わった。働き方では「人並みで十分」が「人並み以上に働きたい」を大きく上回る傾向も出ており、若い世代の意識変化が読み取れる。

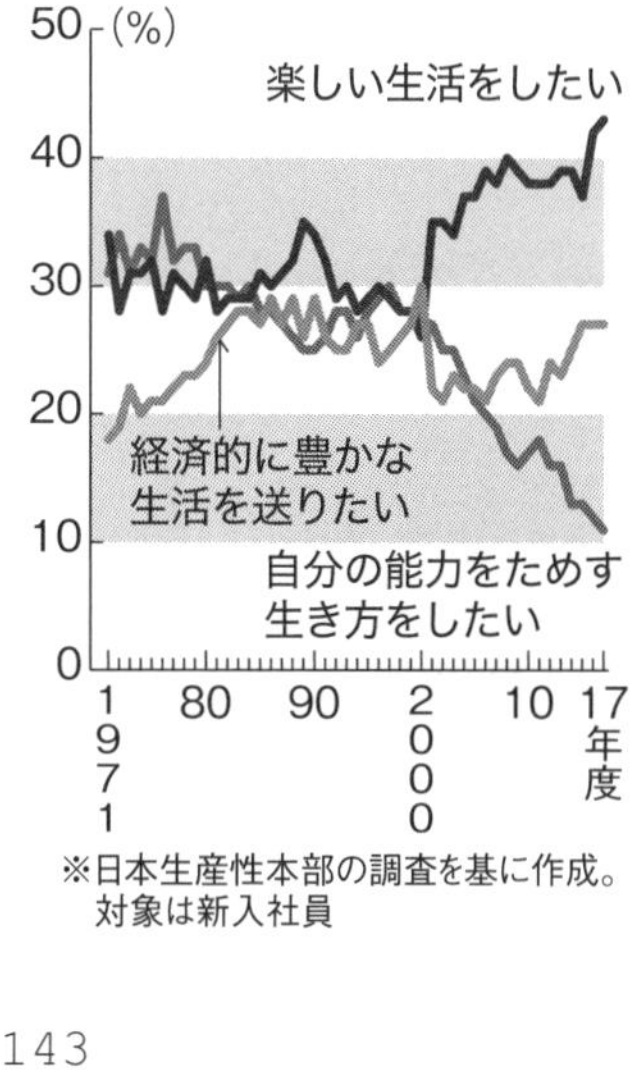

※日本生産性本部の調査を基に作成。対象は新入社員

5 「現場発」に幸せ　人を呼ぶ　循環芽生え

ここ10年で17人が移住し就農した福島県二本松市の東和町。住民250戸がつくるNPO法人ゆうきの里東和ふるさとづくり協議会が自治のかじを取る。農業経営に条件の厳しい中山間地だが、移住後に去った若者はいない。

新規就農を調査する東京農業大学の堀部篤准教授は、若い農家を増やす地域には、ある共通の傾向が見えてくるという。「モデルとなる先輩がいたり、地域に応援団が多様にいたりする現場には、人が人を呼び込む好循環が起きている」。まさに同町は「人が人を呼ぶ」循環が芽生える地だ。

農家民宿を経営する若手夫婦や新規就農者らと、見守る団塊世代（福島県二本松市で）

居場所求めて

■地域に応援団

東京都大田区出身で同町に移住してきた佐藤幸治さん（39）がハウスに向かう。同町の農家、佐藤佐市さん（66）は、その姿を見てうれしそうな表情を浮かべる。

名字が同じ2人だが、血縁関係はない。幸治さんは佐市さんのハウス、田んぼなど2ヘクタールの農業を第三者経営継承する予定で、現在は研修中だ。東京で会社員をしていた幸治さん。狩猟、養鶏、米など多様ななりわいを組み合わせ生計を立てる若い先輩農家や、住まいや農地、技術など息子のように指導してくれる地域住民と接し、移住を決めた。「住民が若い農家を育てようとする雰囲気を感じた。都会にはない近所付き合いも、自然に囲まれた生活も、僕は好き」と明かす。

佐市さんは、新鮮な気持ちで田畑や地域の会合に向かう幸治さんら若者に学ぶ日々という。「移住者も出身者も誰もが村に関わることで、地域が未来に進むんだと思う」と見据える。

同法人の農家は道の駅運営、堆肥作り、農家民宿などを担う。同法人の代表、武藤一夫さん(66)は「事業ごとに、若者や高齢者、女性と誰もに役割がある。若者だけのネットワークもある。トップダウンではなく、話し合いを重んじる基盤がある」と説明する。

■モデル身近に

農家自らが取り組む農家民宿は、東日本大震災以降、24戸が立ち上がり、8000人が宿泊してきた。東京からUターンし、父とともにナメコ栽培と農家民宿を経営する武藤洋平さん(34)は「法人のいろいろな事業が多様な人と人のつながりを生み出す。地域づくりへの行動の積み重ねが若者を呼び込む」と感じている。洋平さんや幸治さんのような、移住希望者にとっての〝モデル〃や相談相手が身近にたくさんいることも、「安心感につながる」と洋平さんは見る。

暮らしとつながった農山村での生き方を求める若者や、規模拡大を目指し経営者になりたいと考える若者らが、農業・農村に向かう。地方創生の掛け声の下、全国の自治体がこうした若者を誘致する〃争奪戦〃が繰り広げられる。和歌山大学の岸上光克教授は「若者が引き付けられるのは補助金の多寡ではなく、何とかしたいと具体的に行動を起こしている地域だ」と指摘。派手さはなくても現場発の地方創生に歩む地域に、若者が集う。

■移住に関する自治体の支援制度

移住・交流推進機構の調べでは移住に関する全国の自治体の支援制度は9960に上る。各地が充実した制度を設ける。

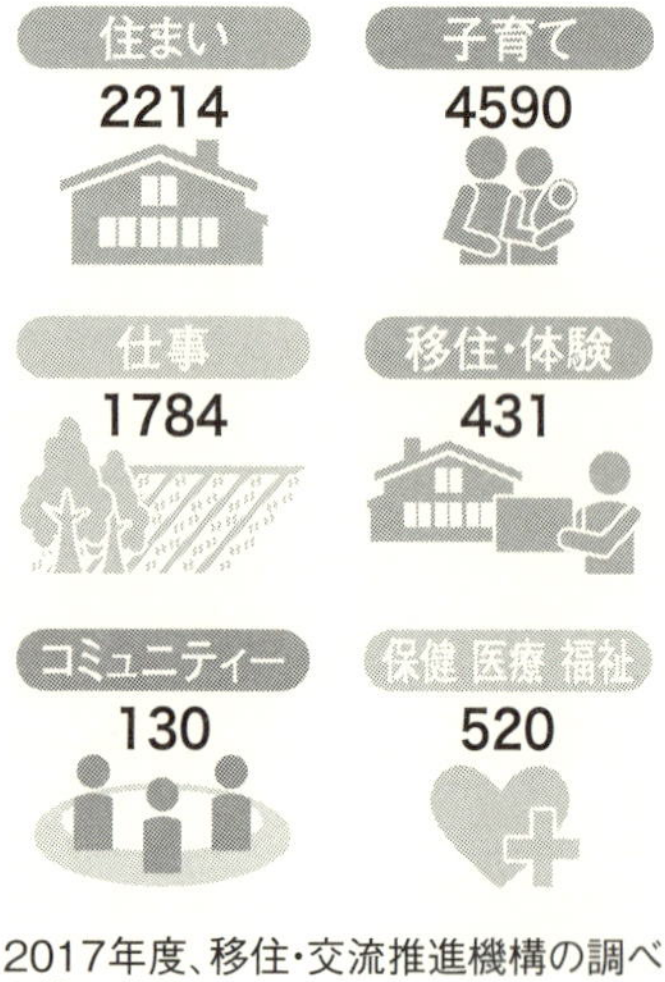

2017年度、移住・交流推進機構の調べを基に作成

6　博報堂若者研究所リーダー　原田曜平氏に聞く
農業　農村にチャンス　いかに20代の心つかむか

欲がない、恋愛に興味がない、旅行に行かないなどの特徴がある「さとり世代」。博報堂若者研究所リーダーの原田曜平さん（40）は、「さとり世代」の定義を世に広め、「マイルドヤンキー」という現代社会に生きる若者を示す言葉を作った。原田氏に、居場所を求める若者の特徴や、育む農業や農村の在り方を聞いた。

博報堂ブランドデザイン若者研究所の原田曜平さん（東京都港区で）

――現代社会の若者の特徴をどう見ますか。

「さとり世代」と言われる今の20代は、車やブランド物を買わない、酒を飲まない。消費離れが大きな特徴だ。

貧困の時代を経て豊かになった日本を知る団塊世代に比べ、さとり世代は、基盤は裕福であっても不況を生きてきた。だから「金持ちになりたい」「社会に反抗したい」といった気持ちが乏しく、上昇志向がない。金やブランドより居心地の良い環境、居場所を求める世代。地元から出て行かず、地元での友人や家族、生活を大切にする志向も強い。こうした若者を「マイルドヤンキー」と名付けた。

経済が成熟し、価値観もライフスタイルも多様になっている。例えば、よく指摘される若者の恋愛離れ。かつては結婚が絶対という価値観だったが、結婚は選択肢の一つになったことが要因だ。

――地域や組織は若者にどう接すればよいですか。

ライフスタイルの原型がつくられる社会人になりたての20代の若者の心をつかむことが、各業界の成長戦略に直結する。人口の重心がある50、60代にターゲットを置く組織が多いが、若い世代の特徴を踏まえアプローチすることが、その組織や地域の将来につながる。

一部の若者が農業や農山村に関心を高めていたり、地元志向のマイルドヤンキーが増えていたりと、農業、農村にチャンスが訪れている。しかし、平均年齢が四捨五入で70歳という農業は、相当な危機感を持ち〝若者対策〟をしてほしい。若者の声に耳を傾けているか。若者を支え、生かしているか。自らに問うてほしい。

地域の課題と向き合う意識の高い若者ら、一部の〝エリート〟だけでなく、〝普通〟の若者をどう育てるかという視点が欠かせない。〝普通〟の若者は、エネルギーのある50、60代から見るとコミュニケーション能力が低い、行動的ではなく、付き合いにくいと感じるだろう。だからと言って、切り捨てていては、展望はない。

――若者力を生かすために必要な視点は何ですか

あらゆる業界が人手不足の時代に突入した。それでも、若い世代の人材確保に成功している組織や地域はある。特効薬は存在しない。声掛けや意見が言いやすい雰囲気づくりなど、細かなことの積み重ねが鍵を握る。経験値が乏しい2、3年目の若者が何となく楽しそうにしている場所、自分たちの居場所を確認できる環境に、自然と若者が集まる。

若者に迎合しろと言っているわけではない。若者を見つめることは、未来を見つめること。自分たちの価値観を押し付けるのではなく、若者の声を聞き、生かし、育てていく組織や地域に変わっていこう。

〈プロフィル〉はらだ　ようへい

1977年、東京生まれ。専門は日本と中国やアジアの若者研究とマーケティングおよび商品開発。著書に『「少子さとり化」ニッポンの新戦略』など。

7　大妻女子大学教授　小谷敏氏に聞く
対話して受け入れて　失敗　包み込む地域の度量

居場所求めて

大妻女子大学の小谷敏教授

自分の役割が確認できる環境や地域の再生に住民自らが動きだす現場に、居場所を見いだす若者たち。『21世紀の若者論　あいまいな不安を生きる』などの著者で、「若者論」の第一人者である大妻女子大学の小谷敏教授に、若者が居場所を求める背景や受け入れる鍵を聞いた。

――**若者の特徴をどう見ますか。**

２００万人を超す団塊世代に比べ、２０１８年の新成人は１２０万人。数は力だ。パワフルな年長の世代に比べて、現代の若者を「ひ弱」と受け止める人もいるだろう。

若者には大きく変化している社会の在り方が常に投影される。実像から懸け離れた若者像が流布してきた歴史を見れば、若者論も鵜呑みにすべきではない。目の前の若者と対話してほしい。

世論調査では20代の自民党支持の高さが目立つ。それは就職も好調で、そこそこ快適な生活を送れる現状を変えたくない〝生活保守〟なのであり、右傾化しているとは一概に言えない。インターネットで右翼的な発言を繰り返す〝ネトウヨ〟という言葉はあるが、ネット上の掲示板「2チャンネル」が生まれた40歳前後が中心だ。

今の若者は少子化の影響で、大学まで競争にもまれることが少なく、過保護に育てられてきたことは否めない。失敗しないよう、人に迷惑を掛けないよう見守られてきた世代。空気を読み人間関係に繊細な分、傷つきやすく、孤独を恐れている。景気の良かった時代の記憶を持たない一方、リーマン・ショック、東日本大震災、「改革」と叫ばれながら何も変わらなかった現実を知っている。だから社会に過度な期待をしていない。先が見えない時代、お金やものや地位ではなく、他者に必要とされることを無意識のうちに求めている。

――若者は都会と農村をどう見ていますか。

長時間労働に非正規雇用。待機児童に1人で家事や育児をこなす「ワンオペ育児」。都会の暮らしには夢や希望を見いだしにくい。そして大企業など、強くて大きい組織ほど、若者を使い捨てにする傾向にある。

若者たちは自分がかけがえのない存在として扱われ、心からくつろげる居場所を求めている。都会、農村という単純な比較ではなく、自分を受け入れてくれる居場所を求めている。

農村に向かう若者の数は全体では一握り。だが、都会にいても土に触れ、生き物を育て、人々が緊密に協力し合う農村の生活に憧れを潜在的に抱いている若者は実は少なくないだろう。

――若者力を育む地域や社会の在り方を教えて下さい。

日本は「昔はこんなに苦労した」「伝統を守れ」と大人が言いがちだ。これでは若者はいつかない。若者を見下し、使い捨てにしようとする組織や地域は例え大企業であっても、若者からいつか愛想を尽かされてしまうだろう。

頼りないかもしれない。ものを知らないかもしれない。そんな若者たちを「失敗しても良いんだよ」と包み込む大人たちや地域の度量が若者力を育てる。

〈プロフィル〉こたに・さとし

1956年、鳥取市生まれ。大妻女子大学教授。社会学が専門。『若者たちの変貌――世代をめぐる社会学的物語』など著書多数。

農村×若者へのメッセージ6　マイファーム代表　西辻一真氏
感性を地域に生かす　成長産業　多様性こそ

農業、農村を志す若者へ。怒ってくれる大人を大切にしよう。先輩に何か注意されたとき、耳を傾け改善する姿勢を持とう。固定観念でＪＡや地域を決めつけると、可能性を狭める。

僕も起業したばかりの頃、「僕を認めるべきだ」と粋がっていた。それを優しくいさめ、育ててくれたのは、身近な大人だった。

そして、地域やＪＡ、大人たちへ。多様性を認めよう。若者たちの多様で新しい感性にアンテナを張ってキャッチしなければ、組織として生き残れない。ＪＡには「うまいこと若者を利用してほしい」と言いたい。

社会が多様化し、変容している。時代のうねりは急激で、農業だけでなく、全ての産業が若者の力を欲し、雇用や成長を競い合っている。農業や農村単体で考えるのではなく、産業全体で物事を見つめる視点が求められる。

マイファーム代表
西辻一真氏

私が農業に参入したのは、ちょうど10年前。24歳の時だ。この頃に農業を志す若者は「変人」が大半で、手探り、力技で市場を開拓した。東日本大震災前後からは、制度やインターネットを使った「普通の人」が、生産だけでなく農業を支える仕事も含め、地域と関わりたいと参入してきた。受け入れ側も、地域によっては、就農や移住の支援を充実させている。だが多くは、時代の変化や若者の志向をつかめずに、政策と、若者とのミスマッチが生じている。

農業は、「都市農業」「産地としての農業」「中山間地農業」の三つに整理できる。農水省は産業としての「農業」を重視し、「農村」政策への最適解を見つけられていない。特に中山間地農業は国土保全や多面的機能など多くの意義を持ち、そこに若者は可能性を見いだしている。

三つの農業のうち、最も若者が入っていないのが、産地としての農業だ。産地が若者を真剣に求めていないからでもある。全国の産地を回ると「困っていないから、新しい生産者を求めていない」といった農家の雰囲気を感じる。

しかし、長期的にそのスタンスでは産地は成り立たない。産地にはどんな後継者を増やしたいのか、未来予想図を地域ぐるみで考える検討会（ワークショップ）を何度も繰り返し開き、考え抜いてほしい。

既存の農業組織に頼らない若者が多く活躍している。だからといって、不必要な組織なのではない。もうけている経営者が政府の会議で「ＪＡは要らない」と発言しても、その経営者にとっては要らないだけで、必要としている人は確実にいる。そこを忘れてはいけない。私は卸売市場に野菜を出荷していないが、市場を必要とする地域がたくさんあることはよく分かる。既存の農業組織と若者は対話を重ねてほしい。

農業が成長産業になるために強い農業を追求するだけが正解ではない。小規模農家も規模力のある農家も、農業を支える人も高齢者も、スタンスの異なるさまざまな人や組織が農業界にいっぱいいる。多様な人、組織がつながり合い、凝り固まっていた農業界が解きほぐされる。若者はつながる力に長けている。若者力を生かすことが、成長産業化の鍵を握る。

〈プロフィル〉にしつじ・かずま

1982年、福井県生まれ。2007年、耕作放棄地の再生を目指し体験農園事業や生産、流通、販売事業を行う「マイファーム」を設立。9億円の売り上げを誇る。著書に『マイファーム　荒地からの挑戦　農と人をつなぐビジネスで社会を変える』など。農水省の食料・農業・農村政策審議会の委員も務めた。

第6部

未来へ

農業や農村での暮らしに情熱を燃やし、挑戦する若者たち。これまでの概念にとらわれない20、30代の動きは、地域社会を変える大きなうねりを生み出す。農家や若い世代の言葉や行動から、若者と共につくる農業・農村の未来に向けた提言を探る。

1　多様性育む地に集う

3月を過ぎても積雪が3メートルを超す山奥の新潟県上越市吉川区周辺。田んぼの面積は小規模で傾斜地にある。冬は長い。毎日、雪かきに追われる。そんな中山間地に、ここ数年、若い米農家が5人就農した。いずれも都会から10～50世帯の集落に移住した。農産加工や農家民宿、狩猟を組み合わせて生計を立てる。

移住者は、移住してから研修を受けることができる。その研修を受け入れるのが、5ヘクタールで米を作る天明伸浩さん（48）。東京都出身の天明さんも25年前に移住した。妻と3人の娘の子育てをしながら、米を基軸に生計を立ててきた。

「障害者や高齢者ら誰もが切り捨てられない多様性を育む地に、若者は集う。効率化を求める社会の流れに個人ではあらがえないかもしれない。でも、非効率は無価値ではないことを、この

農家民宿を経営する30代の若い夫婦と天明さん㊥。さまざまな若者が都会から移住し農地を耕す（新潟県上越市で）

山奥の集落で若者と証明したい」。天明さんの決意だ。

ダウン症の次女から学んだ人生観。言い争いをせず、感謝や愛の言葉を素直に発する次女。経済的な尺度で物事の価値を決める社会や農業の形を再考するようになり、若者を受け入れる研修を始めた。

天明さんの元に集うのは、農家の知恵や稲作集落の伝統に共感した若者たち。高齢の農家が未熟な若者に、加工技術や農作業の知恵を張り切って教える。その過程の繰り返しで、固定化した人間関係が解きほぐされ、地域が元気になっていく。米の複業で集落の加工所を引き継いだ鳴谷玉実さん（34）はそう感じている。「新参者の私たちを地域が受け入れてくれた。だから、家族で幸せに暮らすことができる」。新たな価値観を拒まず、加工所の経営もバトンタッチした懐の深さ。鳴谷さんは地域に感謝する。

農業はもうからない、女性一人ではできない……。そんな固定観念を持たず、気軽に就農する若い世代も出てきた。秋田県横手市。平元沙恵子さん（28）は、米と少量多品目で野菜を作る新規就農者だ。アニメソングを熱唱しながら田畑で作業する日々に「幸せ」を感じる。「決められたレールではなく、自分が信じた方法に挑戦できる農業。他人と比較したり、常識やレッテルにとらわれたりするのはもったいない」と平元さん。誰かの「○○すべきだ」という価値観も「そんな甘い世界ではない」という決めつけも、平元さんは聞き流す。地道な炎天下の草刈りも「楽しい」と受け止める。

年功序列や終身雇用が崩れ、多様な選択ができる時代になった。しかし、地域社会や政策は、数字では見えにくい多様性を認め育んでいるだろうか。農山村を歩く法政大学の図司直也教授は、若者が農村を志す田園回帰の潮流を感じながらも、その定着はこれからにかかっていると見る。「若者はしがらみや組織の垣根を取り払う受容力がある。若者も障害者も高齢者も、いろいろな人々が役割を持ち合う地域づくりが田園回帰の鍵となる」と指摘する。「この道しかない」のではない。新たな価値観を受け入れる包容力を持つ地に、若者が輝く。

〈現場からの提言〉

・新たな価値観を認める
・固定観念を乗り越える
・役割を持ち合う

2　小さな一歩積み重ね

未来へ

技術も農地もない都会の若者が次々と就農する産地がある。新規就農者育成の先進地として全国でも有名な鹿児島県志布志市のＪＡそお鹿児島ピーマン専門部会。部会92人のうち7割が農外からの就農者で、平均年齢は40代。就農し子どもを育て家を建てるIターンを見て、「農業では生活できない」と思い込んでいた地元の後継者が就農するケースも目立つようになった。

新規就農の実績を残してきた。だが、それでも、地元の農家やJA、農業公社の担当者は口をそろえる。「若者育成に成功した地では、決してない」と。研修生を呼び込み、国に先駆けて就農支援の仕組みを構築したが、当初は夜逃げ同然に都会に戻ったり、地域住民と衝突したりする若者もいた。

地元農家の有野喜代一さん（51）は「失敗をいっぱい経験した。ただ、実績が上がらなくても、ばかみたいに長年若者の受け入れを続けてきた」と振り返る。若者と地元農家が価値観やルールの擦り合わせを「一歩ずつ積み重ねただけだ」と言う。その模索は今でも続く。

年間300もの視察を受け入れる同部会。恵まれた日照条件やJA、行政の連携体制など、「特殊事例」と見られることも多い。だが、目に見える好条件だけに、若者が引き寄せられるわけではない。鹿児島市から移住し研修中の安田有佑さん（27）は「移住や就農の条件で挑戦の地を決めたわけではなく、紹介してもらった縁が大きい」と明かす。縁が生まれたのも、地域が危機感を持ち、努力を重ねてきた裏返しでもある。

ピーマンを収穫作業した若手農家とJA職員や農業公社の担当者ら（鹿児島県志布志市で）

新規就農を分析するＪＣ総研の和泉真里客員研究員は、先進地に対し他の産地やＪＡは、「あの地域だからできた」と別格扱いし、学ぶ姿勢を持たない場合が多いと感じている。「素人の若者を農家に育てる道のりは、ひたすらに地道で時間がかかる。営農指導員や先輩農家が温かく声を掛ける、小さくても具体的な取り組みをまずはまねすることが、若者育成のポイントだ」と指摘する。

地方創生の〝トップランナー〟とされる島根県海士町。若い移住者を多く受け入れ、高校を再生するなど、数々の取り組みを実践する。

群馬県出身で、同町に移住した農家、宮崎雅也さん（36）は、地方創生について、自らの体験を基に、こう感じている。「夢を抱いて入ってくる若い世代と地域を長年守ってきた高齢者たちが連携し、息長い取り組みを積み重ねるしかない」

若者と築く農業・農村の未来には、正解も特効薬もない。長い年月を要する。模索する道のりに、若者が育つ可能性が見えてくる。

〈現場からの提言〉

・世代間連携を密に
・特効薬はない、息長く
・先進地の経験に学ぶ

3　つながりを生かして

強い農業を目指そう。北海道猿払村。若い農家の合言葉の一つだ。酪農専業地帯。酪農家60戸の3割に20、30代の後継者がいる。若者の考える〝強さ〟とは何か。同村で60頭を飼う工藤翔さん（29）は断言する。「コミュニティーを広げること」

工藤さんが家業を継いだのが10年前。同世代の酪農家はわずか数人だった。集まっても楽しいと思えず、誘われても会合は避けてきた。しかしここ数年は、同世代と集まり、将来像やイベントの構想を語り合う。「つながるのは楽しいし、視野が広がる」。意識は変わってきた。

仲間に酪農の勉強会を重ねる20代の酪農家。「コミュニティを広げたい」と口々に話す（北海道猿払村で）

若者でつくる「さるふつ村楽農塾」。リーダーで45頭を飼育する森原圭祐さん（29）は、妻の実家である同村で4年前に就農した。同世代に声を掛け、話し合いを重ね、視察やイベントなど前向きな提案をするよう心掛けてきた。「村の雰囲気をつくるのは、立場や年齢は関係ない。風通しの良い農業をつくるのは、自分たちだ」と考えた。

新規就農を目指す若者から、自然と声を掛けられる場面も増えた。「村に入ってきた若い農家をとどめる役割を自分たち若い世代のコミュニティーが担っている。酪農家は地域の守り手でもある。1人ではなく、つながらないと地域農業の基盤は守れない」。森原さんは力を込める。

森原さんら若者たちが、何かを成し遂げたわけではない。それでも若い就農希望者が増え、雇用就農やヘルパーを経て、離農する牧場などを継承する。村にはそんなサイクルができつつある。

札幌市出身の酪農ヘルパー、有吉里生さん(26)は「若い世代こそ地元は地元で固まりがちだけど、ここはよそ者に対しても壁を作らないから、入りやすい」と感じる。

山形県酒田市の飛島。平均年齢70歳の200人の小さな離島に、若い移住者が2013年、合同会社「とびしま」を立ち上げた。加工や飲食店など島で廃れていった事業を復活させ、現在は10人の雇用を生む。

島に田んぼはないから、本土の米農家とつながる。そんな外との結び付きを昔から自然と重んじてきた島の人から見習い、同社は事業を展開する。ただ、副代表の松本友哉さん(29)は「コミュニティーを開放することが、島独自のルールを曲げることになってはいけない」と心得る。

つながりを育む地域と、新たな発想や行動をもって結び付く若者たち。和歌山大学の佐久間康富准教授は「コミュニティーが開かれている地に、若者が集う。若者は世代や組織、コミュニティー同士をつなげる力もある」と指摘する。ただ、若者に対して「地域にあるしきたりや歴史を尊重することが欠かせない」と注文もする。歩み寄りの中に、若者力が育まれる。

〈現場からの提言〉

・話し合いを積み重ねる
・風通しの良い関係育む
・地域のルールを尊重

4　地域の本気　思い伝え

ブドウ「ピオーネ」の産地、岡山県高梁市。標高３５０メートルの山間部にある同市宇治町に、ここ10年で15組34人の若者らが移住してきた。

呼び込んだのは行政ではなく、住民たち。空き家の交渉、仲介に引っ越しの手伝い。空き家の掃除や修繕。その積み重ねが、担い手確保につながった。

農家の牧野義廣さん（63）は「若い人の数を増やそうと思ったら成果は出なかった。若者とひとくくりで見ず、この地に興味を持つ一人一人と一生懸命、対話した」と振り返る。

長年、都会に子どもを送り出してきた側の過疎地。どうすれば若者が来るのか。牧野さんは仲間と話し合いを重ね、若者の立場を思いやって、一つずつ、具体的な行動を積み重ねた。

例えば会合。牧野さんは若い頃、毎晩のようにある地域の集まりが負担だった。だから、新規就農者の負担にならないよう、住民に協力を呼び掛けた。

牧野さんに教えてもらいながら、脱サラしてブドウ農家となった神奈川県横須賀市出身の鈴木雄一さん（39）、伊藤明さん（39）。2人は10年前、野望を抱いて移住した。海外輸出やインターネットで稼ぎ、JAに頼らない新しい農業を切り開く——。

だが今では、「JAブランドがあるから売れるし安定出荷できる。個人での海外輸出はうまみが乏しい」と伊藤さんは実感する。実際に挑戦し、失敗したから「現実が分かった」とも言う。

鈴木さんは振り返る。「親も友人も会社の同僚も、農業は甘い世界ではないと言った。でも、地域の人は僕たちを歓迎し、真剣に意見を聞いてくれた。だから、頑張ってこられた」。農家として育てたいという牧野さんら地域の本気の思いが伝わり、学びや感謝の気持ちにつながった。

富山県朝日町の笹川地区。子どもの声が復活し、少しずつにぎわいを取り戻す。受け入れる移

若いブドウ農家を指導する牧野さん㊧。「今では教わることが多い」と笑顔（岡山県高梁市で）

住者は年1組程度。移住希望者は地区に事前に通い、住民と対話を重ねて双方が移住を決める。「一気に人口を増やすと、住民は疲弊する。地域の良さも考えも、理解してもらった若者に来てほしい」と住民の小林茂和さん（71）は考える。

2010年。同地区で、移住者が大麻を栽培し逮捕される事件が起きた。住民にとって衝撃は大きく、一時は移住者全体に拒絶反応も芽生えた。それでも「若い人を受け入れないと地域が廃れる」と諦めなかった住民たち。若者と共につくる地域像に向けた話し合いを重ねた。小林さんは「若者を数ではなく、個として向き合う過程に、住民主体の地域づくりの鍵があった」と振り返る。

人手不足が深刻化し、どの産業もどの地域も若者を求めている。ただ、単に「数」を補うためと考えると、定着しない。その力も発揮できない。新規就農の分析をする東京農業大学の堀部篤准教授は「地域が困っているから若者を受け入れ農家数を増やすのではなく、一人を育てる意識が重要。その積み重ねが、結果につながる」と指摘する。

〈現場からの提言〉

- 成果急がず対話を
- 一人を育てる意識で
- 挑戦も失敗も糧になる

5　諦めぬ交流が実結ぶ

電気柵の維持管理や道路脇の草刈りや清掃……。山梨県早川町の古屋集落でこの活動を担うのは住民だけではない。集落に通う町外の10、20代の学生や社会人だ。

２０１０年に６世帯８人になった同集落。地域の維持管理が難しくなるとの危機感をきっかけに、住民はボランティアの受け入れを始めた。

「食事の世話も寝泊まりも当初は不安だったけれど、若い人と一緒に作業すると気付いた。もてなすんじゃなく、対等なパートナーと考えたら楽になった」と兼業農家の望月美佐江さん（64）。地元以外の若者をサポーターとして迎え、伸びしろならぬ、「関わりしろ」を少しずつ広げていった。

交流を続けると、16年には子育て世帯が移住してきた。長年、自治会長を務める望月信保さん（67）は「諦めなかったら、にぎやかな集落になった」と笑顔だ。

学校跡地で開かれたイベントに通う若者、子どもや高齢者の多くの人が集う（山梨県早川町で）

移住者と集落のマッチングを担ったのは、同町にある日本上流文化圏研究所。中間支援組織として1996年の発足以降、空き家対策や情報発信などを担う。移住者だけでなく、外から通い、支える町の応援団をつくってきた。

同研究所を通じ、同町に通う東洋大学の山崎義人教授は「移住、定住だけが正解ではない。いろいろな人が関わり、間口を広げることで地域が持続していく」と考える。

地域や住民との多様な関わりを持つ人々は「関係人口」と言われ、広く浸透してきた。だが、その言葉の広がりに、農山漁村をテーマにした雑誌『ソトコト』の編集者、竹中あゆみさん(31)は、怖さも感じる。「関わりしろ」を育むことで地域が前に進む一方で若者の関わりの姿勢も、問われている。

竹中さんは、プライベートで松山市の忽那諸島に通う。フェリーや飛行機を乗り継ぎ島に通った回数は5年間で20回。来訪を心待ちにしてくれる島民がいる。ただ、「地域に対し何ができているのか。住んでいないのに、表面的に関わって本当によいのか。『結局は住まないんでしょ』と感じる住民がいても、それは当然」と自問しながら島に向う。

島の美しい景観もおいしいミカンも、厳しい自然と日々向き合う住民がいてこそ、享受できるものだ。

だから竹中さんは、「関わる人の数を増やせばいいというメッセージが広がるのは怖い。若者は関わってあげているという立場じゃなく、時間を割いてお邪魔させてもらう気持ちを持ってほしい」と願いを込める。

山崎教授は、「関わりしろ」を広げる重要性は、農家の育成にも当てはまると説く。「専業農家を目指す一部の層だけでなく、多様な農村、農業への関心を踏まえて若者と関わることで、ＪＡも産地も新たな展開が見えてくるはず」と呼び掛ける。

〈現場からの提言〉

・「関わりしろ」を育む
・対等なパートナー
・学ぶ姿勢で地域に入る

第7部

未来この手で
ノーベルの国から

若者の社会参画が盛んなスウェーデン。国の政策決定に、地域社会の創生に、活力ある農業・農村づくりに、新しい風を吹かす。協同組合に集って住みよい社会と暮らしを守るのも若い世代だ。欧州の若者政策をリードする人口1000万人の国の今を報告する。

1　20代の市会議員　政治参加わくわく感

スウェーデンの農村地帯・スカーラ市。祖父が酪農家だったエマ・オプスさん（23）は、19歳から市議会議員を務める。普段はストックホルムの大学生。月に2回、議会のある休日や夜に地元に戻る。

「年齢や女性だからといって、差別を受けたことも優遇されたこともないわ」とエマさん。同僚の政治家や大学生と活発に議論を交わす。

政治家を志したのは14歳の時。地方紙に学校経営の問題で投書したのがきっかけだ。大きな反響があった。「自分の意見で社会を変えられる」。政治参加にわくわくする気持ちを感じた。

この国で、エマさんは決して、特別な存在ではない。職業政治家は主流ではなく、国内に3万人いる政治家のうち大半の地方議員は他に仕事を持っている。自治体は誰でも政治活動できるよう、開催日時などの議会運営を工夫する。エマさんの報酬は交通費にも満たないが、政治にやりがいを見いだす。

未来この手で
ノーベルの国から

■議員平均45歳1割30歳未満

国会議員は349人で平均年齢は45歳。選挙権、被選挙権とも18歳から与えられ、国会議員の1割が30歳未満だ。日本には今、30歳未満の国会議員は一人もいない。

選挙の投票率は高い。30歳未満は8割以上。日本をはるかに上回る。国会議員のベンジャミン・ドーサさん（24）は「若者が政策に関わることなくして、未来は開かれない」と主張する。

若者の声を反映させる仕組みは、社会や組織の中にもある。1986年に若者担当大臣が誕生し、国家機関として若者市民政策庁を置く。94年に制定された13～25歳が対象の若者政策法で、若者に関連する政策決定には若者の声を聞くことが義務付けられた。若く経験が少なくても、発言する場が社会の中で与えられている。290の自治体のうち半数以上で若者会を設置。若者が組織や議論に参画できる。

同庁のレナ・ニバイ長官は「国家として若者の視点を考慮することを基軸にしている」と強調。若者の社会的な活動には助成金を出して支援する。若者を生かす仕組みは農業、地域社会、協同組合でも同じだ。第二次世界大戦以降、平等の価値観が広がり、上下関係が希薄になった。

仲間の20代政治家と意見を言い合うエマさん㊥（スウェーデン・ストックホルムで）

■農業の在り方積極的に発言

スウェーデンの近隣にはフランスやデンマークといった農業大国が存在する。輸入農作物が国内市場を席巻し、日本と同じような構図にある。若者たちは自分たちが望む農業や地域の姿をつくり出そうと、行動を起こす。小さな規模の農業も大切にする。「持続可能性」がキーワードになっている。日本の現状とはだいぶ違う。

2 農村政策を重視　つながる農業に希望

未来この手で
ノーベルの国から

肥沃《ひよく》な穀倉地帯、スウェーデンの南部のスコーネ県。地域の人や観光客でにぎわうラズベリー農園の経営者、アンナ・ビヤーフーさん（30）が忙しそうに客にランチを振る舞う。銀行員を辞め２０１２年に就農した。

■農園にカフェ小さな拠点に

農家の長女に生まれた。しかし、「だから農家になったわけではない。生産するだけの今までの農業なら関心はない。やりたい農園づくりに挑戦できるのが楽しいわ」。うれしそうにジャムを手に取る。

アンナさんの目指す農園のコンセプトは、「つながり」だ。8ヘクタールの農園でラズベリーを栽培するのに加え、ジャムやドレッシング加工や直売所、カフェに観光農園、体験イベントなどの事業を手掛ける。カフェタイムにいつも地元の人が集う農園は、地域の〝小さな拠点〟でもある。

「農家がいなくては地域の景観が廃れ、住民の交流も弱まってしまう。持続可能な農業や生き方を追求し、人とつながる農業をやりたい」とアンナさん。地域と顔の見える関係を築き、自らも楽しむことが、農業のあるべき姿だと考える。経営は順調で、夏には1日1000人が訪れる人気スポットになった。

スウェーデンはデンマークやフランスなどの農業大国に囲まれる。日本と同様に農家は国際市場で厳しい戦いを強いられている。農家の75%が家族経営だが、後継者がいない農家は離農を選ぶ。その結果、大規模な経営体への農地の集約化が進んでいる。

だが、日本と違って、農業の構造改革を政府や市民が強く推し進めているわけではない。若者たちが描く農業に共通するキーワードは「持続可能性」。国の農業政策でも、他国と

ラズベリーの観光農園を経営するアンナさん㊨。地域住民や観光客が集う拠点だ（スウェーデンのスコーネ県で）

規模で争う企業的な経営だけではなく、地域の維持に欠かせない農業を重視する。

２０１１年、農業食品漁業省を農村地域省に改組。農業と農村政策を名実ともに車の両輪にし、政策を立案する。農政の方向性を農業庁は「持続可能性を持ちながら生産性を高めることが農政の基本」（貿易マーケティング局）と説明する。

■マルシェ開き消費者と交流

毎週土曜、首都ストックホルムで開かれるマルシェ。花や野菜、加工品の直売に、大勢の家族連れでにぎわう。マルシェを立ち上げたリーダーの花き農家、シェル・エランダーさん（72）は「小規模農家のためのマルシェ。自分の言葉で自分の農作物を販売できれば、未来につながっていく」と狙いを明かす。

そのマルシェは、若い世代に受け継がれる。シェルさんの息子のユハンさん（36）もその一人。林業、花き栽培と調理器具のデザインで生計を立てる。おしゃれに色とりどりの花を飾る店頭にはいつも長い列ができる。「金もうけが大事ではない。最も尊重するのは調和と共生です」。小さくても都会の消費者とつながる農業に、ユハンさんは希望を感じている。

3　営み支える協同　過疎再生へ助け合い

牧草地や林に囲まれた木造の保育園。庭には手作りのブランコや砂場、畑には園児が食べるジャガイモやニンジンが育つ。子どもたちのはしゃぎ声が静かな村に響く。

ノルウェーとの国境に位置し、過疎化が進むイエムトランド県。ここで20、30代の若者たちが立ち上げたさまざまな協同組合が、地域サービスの維持に貢献する。

■親世代が脈々保育園運営も

同県オース地域にある「ソールエッグ保育園」もその一つ。経営する父母協同組合の組合長、オルフ・フットナルさん（38）が園の畑の草をむしりながら誇らしげに言う。「みんなが助け合うことで保育園が成り立つ。協同組合方式の保育園は、都会に住む人が見たら驚くほど、素晴らしい仕組みだよ」。毎週の掃除も、スキー教室のイベント手伝いも協同組合が手弁当で担う。

組合は17人の園児の両親がメンバー。みんなで話し合い、手探りで理想の保育教育に近づけていく。小額でも出資すれば組合員になれるし、脱退も自由だ。保育士や料理長らのスタッフは組合が雇用し、運営資金は行政からの補助金を活用する。１９９３年の設立以降、運営は若い親の手で代々受け継がれてきた。

保育園だけではない。同県ではレストランやスーパーから、インターネット利用、病院まで、暮らしに関わるさまざまな営みを協同組合が担う。

■地域課題解決当事者意識で

80年代、同県では学校や介護施設の閉鎖、商店の撤退で住民の暮らしはどんどん脅かされていった。

協同組合の設立が盛んになったのは90年代だ。財政難から政府が民間業者に福祉や教育を開放する市場化政策を進めた時期と重なる。

学校や商店がなくなることへの危機感が協同組合の出発点だ。住み慣れた場所に住み続け、さらに希望ある村にしたい――。次第に小さな協同組合が草の根的に全国に広がった。

協同組合の立ち上げや運営には、国内に21ある中間支援組織の協同組合開発局（ＣＤＡ）が支援する。ＣＤＡは政府からの補助金が主な運営資金だ。協同組合の重要性を政府も認識しているからできる。

ＣＤＡは、設立に関わる煩雑な事務作業や運営のアドバイスを行う。「小さな村には、営利を目的にした株式会社より協同組合がぴったり。地域の課題を解決したいと意欲ある若

協同組合が運営する保育園。教育もイベントも親が話し合って決める（スウェーデン・イエムトランド県で）

者が助け合いながら運営を工夫しているわ」。ＣＤＡのアンネ・ピアーラさん（43）は、こう説明する。

役目を終えて解消した組合もあるため、正確な統計を取るのは難しいが、２０１２年時点で国内に約４万の協同組合が存在。ＣＤＡによると、都会より農村に多いのが特徴だ。08年までの10年で５割ほど増え、株式会社の増加率より高いという。

最近は特に協同組合に加えて、地域課題の解決を目指す若者の起業が盛んだ。「助け合いの精神は農村の若者たちこそ強い」とアンネさん。若者が地域コミュニティーの維持に当事者意識を持ち、農村再生に挑む。

未来この手で
ノーベルの国から

4　コミュニティー育む　交流は地域守る一歩

ノルウェーに隣接しスウェーデンで最も人口密度の低い地域の一つ、北部のイエムトランド県。林に囲まれた、過疎が進む農村地帯だ。長い冬。雪が積もり、陽の当たる時間がわずか。牛の飼料を栽培したくても、品種は限られる。

■営農阻む寒さ効率化と一線

厳しい条件でも、150頭を飼育する酪農家のマリア・アルトベックさん（33）の表情は明るい。「南の地域ならもっと多くの作物を育てられたし、コストも削減できる。でも、私は家族でこの地域で営む酪農に希望と幸せを感じている」

農業庁によると、スウェーデンの農地の50％は条件不利な「自然制約地域（ANC）」にある。緯度の高いこの国は厳しい寒冷気候が農業経営を制約する。

マリアさんはもともと酪農家だった夫のロージャさん（38）と結婚し、酪農を始めた。生乳価格の乱高下が激しく、地域の農家らが加盟していた酪農の協同組合は2011年に破綻。現在はデンマークに本社を構える乳製品メーカーの傘下に入った。保育園など地域の小さな協同組合とは異なり、国際市場での厳しい戦いを余儀なくされる農業の協同組合は、大規模化が進む。

ANCで農家の離農は深刻だ。全国規模の農協であるラントメンネンによると、01年6万人だった組合員は、16年2万5000人にまで減った。

国際的な競争激化に対抗するため、マリアさん一家が選

放牧する牛の世話をするマリアさん夫妻と従業員。午後からのオープンファームの打合せをする（スウェーデン・イエムトランド県で）

んだのは、規模拡大による効率化の追求ではない。力を入れるのは、一般住民に開放する「オープンファーム」だ。冬を除き、毎週のように定期的に開くイベント。地域の子どもや消費者を招き、酪農の現場を見てもらう。日本でいう食育体験に近い。

「牛乳の背景にある酪農家の思いを感じることが、地域を知る一歩になる。農家と地域は切り離せない」とロージャさん。この地域では農家が減れば、コミュニティーが後退する。酪農を続けることは地域を守ること。小さく、地道な行動かもしれない。それでもこの道こそ、2人は「強い農業」と信じる。

夫のロージャさんによると、地域の農家ほぼ全員がオープンファームを行う。全国でも農家と消費者の交流は日常の風景になってきた。若者が中心に始め、次第に高齢層の農家に広がっている。

■「発想と経験」成功のヒント

果樹栽培が盛んな南部の都市、ヨンショーピング市。リンゴなどを40ヘクタール栽培するデイビット・ルーラツスタンさん（32）が経営するカフェにはいつも地域住民が集う。2年前に父親の経営する果樹園に就農。消費者交流できるカフェや加工に着手し、2年で売り上げは3倍に伸びた。「成功の鍵は、経営に新鮮なアイデアを持つ若者と、経験が豊富な年配の世代の両方の意見を取り入れることだよ」と明かす。

ディビットさんの言う成功とは売り上げではない。「稼ぎより、地域と関わり、子どもとの時間を長く持ちたい」。目指す農業の先にあるのは、家族や地域の仲間の幸せだ。

未来この手で
ノーベルの国から

5 農業系高校 〝多業〟農家育成促す

3000ヘクタールもの森林と牧草地が広がるスウェーデン・ニンショーピン市の農業系高校。農業、狩猟、小動物、馬、園芸の5学科に16～19歳の250人が通う。

■「森林は資源」ビジネス模索

狩猟学科のディビット・バーグンドさん（18）がクリス・オスタバ校長に将来の構想を語る。「牛を飼っていた祖父に憧れた。でも、僕は祖父がやっていなかった農業と林業のバランスが取れた新しい経営に挑戦したいんだ」

ディビットさんの実家は過疎化が進む農村地帯のダーラナ地方。母方の祖父は酪農やジャガイモ畑を経営する地域のリーダー。尊敬する祖父の農業だが、ただ引き継ぐだけでは生活は厳しい。だから、森林大国の特性を生かし生計を立てることを志す。そのために、狩猟学科に進んだ。

将来に向けた行動を今から起こす。鹿のガイドツアーもその一つだ。穀物の食害が深刻になっていることを逆手に取って今秋、実施した。参加者は数人の都市住民。日帰りで2万1000円と参加費は高額だ。それでも、鹿の雄同士が雌鹿を巡って争う現場を見るツアーに、手応えを感じた。「また来たい」と魅了させることができた。

ディビットさんは「オオカミやイノシシなど鹿以外にも森に生きる動物がいる。共生が問題。将来はファームステイやバイオマス（生物由来資源）利用もやって、この問題に向き合いたい。森林は資源」と考える。

スウェーデンの国内総生産（GDP）に占める農林水産業の割合は2014年度で日本と同じ1・2％。経済の中で農業の位置付けは高くない。

クリス校長はこう明かす。「大規模な外国と同じ土台で競えば、小さな農家は生きにくい。でも、小さな農業はみんなで地域で関わることができる。いろいろな農業ビジネスで収入源を増やして経営が成り立つように教育していきたい」。農業には多面的な機能があり、農家は地域に根差して生

クリス校長㊧に将来の夢を打ち明けるディビットさん（スウェーデン・ニンショーピン市で）

きる。その特性を生かして副収入を稼ぐことができるよう、起業家教育を進める。

■７割農外子弟重要性高まる

農業系高校は国内に60校ある。30年前は農家の子どもが通う割合は75％程度だったが、現在は30％程度に減った。農家民宿やグリーン・ツーリズムなど農村との交流が活発になり、農業関連の仕事に注目が集まっていることが背景にある。だからこそ、農業系高校では地域資源を生かした複数のなりわいを持つ〝多業〟が、今後の農家育成の鍵と見ている。

ロッタ・ヨンポン教頭は地産地消を広げ、自給率を高めたいとし、「日々の教育の積み重ねが鍵」と、農業系高校の重要性を説く。

所得税や消費税が高い分、医療費や大学までの教育費が無料のスウェーデン。スコーネ県の小学校教師、マティアス・オロフソンさん（44）が言う。「地域住民の教育への意識は高い。農業や環境を大切に思う消費者を育てることが問われている」。新しい農業と社会をつくるために、農業教師も生徒と一緒に模索する。

6　転職が当たり前　一生の職業　決断重く

150ヘクタールの牧草地と70頭の牛舎、300ヘクタールの森林。酪農が盛んなスウェーデン・エステルスンド市近郊で酪農と林業、農家民宿を営むオーカン・ニルソンさん（64）には後継者がいない。2人の子どもは、農業以外の仕事に就いた。「少し悲しいね。多くの投資をして農場を大きくしてきたのに」。ニルソンさんが寂しそうな表情を見せた。

■多様な生き方世襲「今は昔」

高校卒業からすぐに大学に進学し、就職する――。こうしたレールがないスウェーデン。経済協力開発機構（OECD）によると、同国の大学入学平均年齢は24歳（日本は18歳）。若者の転職が当たり前で、労働市場の流動性が高い。

農業庁によると農家6万人の平均年齢は55歳。国民全体の平均年齢41歳に比べ高い。さらに、かつて農家は第1子が継ぐのが当然だったが、ここ数十年で「平等」の考え方が広まり、世襲は当たり前ではなくなった。

その分、農家出身でない若者への期待も大きい。そうした若者の大半は従業員としての農業参入で、「親戚・家族が農家でない若者が農業経営者として新規参入するケースはほとんどない」（同庁貿易マーケティング局）。農地価格の高止まりなどがハードルだという。国は40歳以下の新規就農者への直接補助や、就農時のスタートアップなど支援策を講じるが、後継者の確保は日本同様に深刻な課題だ。

後継者不在で離農した農家が手放す農地は、近隣の大規模経営者が引き受けるという構造改革も進む。日本では高く評価されるが、スウェーデンでは必ずしもそうではない。農家人口の維持につながらず、地域コミュニティーの維持が難しくなるためだ。同局は「規模拡大を促すことより、持続可能な農業、農村が重要だ」とする。

ニルソンさんは、将来、兄の子どもで現在従業員のダニエル・エイベルゴーダさん（33）に経営を託したいと考える。幼い頃から牛が大好きで、自然に従業員として働き始めた。だが、ニルソンさんの期待とは裏腹に、ダニエルさんは「ここで農業を一生続けるべきか別の職業を見つけるべきか」と悩んでいる。

それでもダニエルさんは、農業に閉塞《へいそく》感を感じているわけではない。「農業は利益を追求するだけではない価値がある。ライフスタイルからいっても、農業は若者に魅力ある職業だよ」と語る。

農業経営の方針を話し合うオーカンさん夫妻と従業員のダニエルさん㊥（スウェーデン・エステルスンド市近郊で）

■農業ブームも高い参入の壁

空前のオーガニックと地産地消ブームが到来しているスウェーデン。スーパーでは、オーガニックマークの国産野菜や乳製品がずらりと並ぶ。レストラン、カフェでは国産で有機の野菜、肉を使っていることが大きな売りだ。同庁によると、オーガニック食品は２０１３年で全食品の総売り上げの4・6%を占め、年々割合が上がる。ブームと並行し、食材の向こう側にある農業にも関心が高まっている。

ヨンショーピング市で１５０頭の乳牛を飼育する4代目の酪農家、フィリップ・シェンネラーさん（29）は農村地域省や農協の会議で、積極的に発言する若手農家のリーダーだ。他産業のように若者が参入しやすい政策の必要性を提起する。

「若者は農業に関わりたいと求めている。新規参入の壁を低くすること。きっと難しくない」。意見を言い合うことで未来が変わっていく。そう考える。

7　対等なパートナー　共に考え　道切り開く

未来この手で
ノーベルの国から

スウェーデン・ストックホルム。中心部からバスで2時間、橋を渡るとエークレ島にある農園「ローゼンヒル」に着く。毎日、都会の若者でにぎわう。おしゃれなカフェに、リンゴを中心とした果樹や花、野菜の8ヘクタールの園地とジュース加工場を併設する。その場で飲める濃厚なジュースも人気の理由だ。20人のスタッフの平均年齢は25歳。カフェでも畑でも、若者の元気な声が響く。

■アイデア採用にぎわう農園

「経営成功の秘訣《ひけつ》は、若い人を信じることだよ。若者は体力もエネルギーも情熱もある」と代表のラッシュ・シーリアムさん（58）。経営方針の基本はボトムアップ、話し合いだ。例えば、畑のデザインもカフェのメニューも、若者の議論から生まれたアイデアを採用する。

園地の管理を任されているのは、従業員のインムリック・ボルファーさん（27）。畑の裁量権を持つ。今夏は50年ぶりの異常冷夏でリンゴの大不作に見舞われたが、インムリックさんの提案で導入した野菜の収入があったので、経営のダメージは抑えられた。インムリックさんは「野菜を一切買わずに、完全な地産地消カフェを実現させたい」と将来を見据える。

2年前に妻が亡くなり、体力の衰えを感じたラッシュさん。意識的に若者に経営の決定権を託すようにした。すると次第に業績は上向き、自身も若者や客と交流する楽しみを発見した。「若者に指示するではなく、共に考えることが若者の力を引き出す」。これまでの歩みを振り返って、そう実感する。

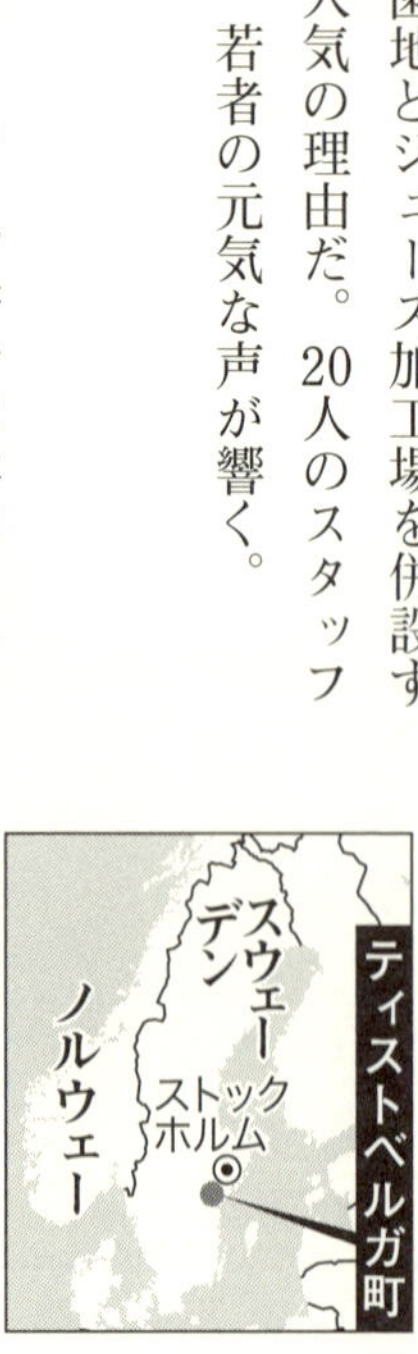

■話し合い重視上下関係なく

スウェーデンでは農業経営者も従業員も男性も女性も大人も若者も、上下関係の概念が薄い。例えば、地方自治体の農林水産部長や福祉部長を新聞広告などで募集し、中途採用する。日本の企業や行政とは大きく異なる。

スウェーデン最大の農業系組織「農業者連盟」（ＬＲＦ）。農家だけでなく、従業員、農協職員ら農業に関わるさまざまな人が会員になれる。理事会では執行部が用意した方針を追認するのではなく、ワークショップのように活発な意見が飛び交う。

ＬＲＦ青年部は、16～35歳の１万６０００人がメンバー。ティストベルガ町の農業大学の教師で、大学の農場管理もするサイモン・バンケンさん（26）はＬＲＦ青年部副会長を務める。サイモンさんは「年配世代や規模の大きな経営者と意見が異なっても臆することは決してない」と言い切る。

ＬＲＦでは経営規模や売り上げ、肩書、年齢は発言の重みに関係がない。ボトムアップで多様性を認め合いながら議論し結論を出す文化の中で、若者の提案が排除さ

従業員のインムリックさん㊧の意見を尊重するラッシュさん。対等なパートナーだ（スウェーデン・エークレ島で）

れることはない。

「若い世代のアイデアを取り入れることが、新しい農業への道を開くはず」。サイモンさんは確信する。

8 海外の新規就農支援策　EU所得補償　加算　育成の制度各国に特色

1995年から欧州連合（EU）に加盟するスウェーデンは、共通農業政策（CAP）の枠組みの中で若い農家の育成、支援に力を入れる。EUでも日本と同様、若者の就農は農業政策の重要な柱だ。米国は若者向けにローンの金利優遇などを各州ごとに設ける。オーストラリアなど若者に目立った支援のない国もあり、就農支援策から各国の事情が鮮明に見えてくる。各国の若者に対する農業支援策を探った。

農畜産業振興機構によると、EUでは競争力強化のために新規就農者の増加を大きな課題に掲げる。経営を長期的に続けられるよう、農業開始から5年間の就農支援に特に力を入れている。

その一つが所得補償に加算する制度。40歳未満で直近5年以内に新規就農した若者に対し、最長5年間、所得補償額に25％を上乗せすることを加盟国に義務付けている。

ＥＵ加盟国では独自の支援策もある。フランスは39歳までの新規就農者に年間で最大約30万円を支給する。また別途、個人職業計画や経営発展計画などを作成した人を対象に平地と条件不利地、山岳地で助成金の基本支給額に差をつけ、農家の多様性を認める政策を行う他、低利融資制度もあり就農時に必要な設備投資費や運転資金が借りやすくなるなどさまざまな優遇制度を設けた。

同じくＥＵ加盟国のオランダは、農業を外貨獲得のための重要な産業の一つと考え、法人への支援が手厚い。条件を満たした法人を対象に、直接支払いとは別に最大で約60万円が支給される他、39歳以下で過去に農業法人を経営していない経営者や経営者になろうとしている人を対象に経営投資の最大30％を補助する制度もある。農業法人による生産や輸出の促進に向けた施策を重視している。

米国は農業者への補助金という形での支援はほとんどなく、条件を優遇したローンや税制措置を州ごとに行う。このうち、州単位で行われている新規就農者や若手農家向け支援策で最も取り入れられている制度が農業債券プログラムだ。

支援策がある30州のうち18州で導入されていて、金融機関などが新規就農者にローンを提供しようとする際、ローンの利息収入を連邦税の課税対象外にし、新規就農者への貸付利率を低くしている。

一方、ニューヨーク州などにはオーガニックや持続可能性を追求する農家を対象にした補助金制度がある。ただ、国全体で見ると補助金に頼らず、農家の経営判断能力が求められる支援制度が中心となっている。

若者に対する目立った支援を実施していない国も少なくない。中国や韓国などのアジア各国やオーストラリアでは特に新規就農の支援策を採用していないという。

一方、日本は新規就農支援策として独立就農者や研修生を対象に年間１５０万円を補助する青年就農給付金制度を中心に、農業法人が従業員を雇用した場合、年最大１２０万円を2年間支給する制度など、さまざまな支援策を講じている。

9 「ノーベルの国」多彩な農業

スウェーデンの若者たちは、新しい形の持続可能な農業を目指し、カフェや加工品開発といった6次産業化や食育に奮闘する。政府も若者市民政策庁、農村地域省などが若者の活動や農村再生を応援する仕組みを整備している。キーワードは、消費者や地域とつながる持続可能な農業。鳥獣害対策や輸入食材への対抗、

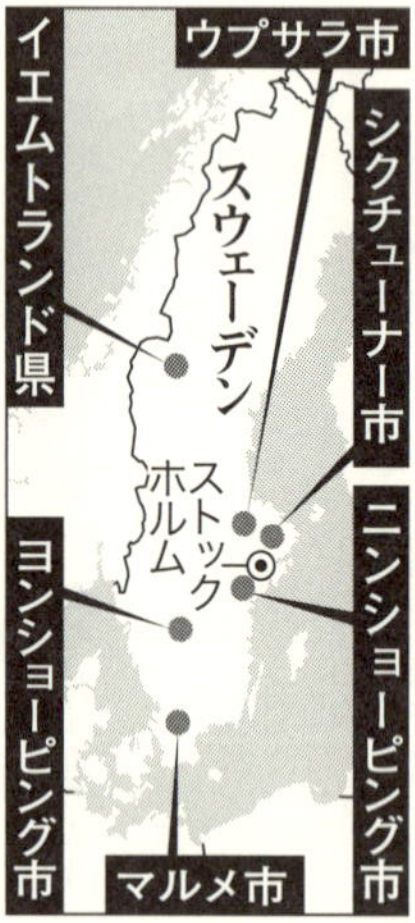

規模拡大の難しさなど、日本農業と抱える問題点が似ているのも特徴だ。同国の未来を担う若い農家たちを紹介する。

■**都市部と　直売所が育む笑顔**

都市部で人気を集める、農家による直売所。新鮮な花きや野菜、果実を求めて多くの都市住民が集う。首都ストックホルムから北に70キロ離れたウプサラ市の兼業農家、ディアップ・クンソノーさん（38）は、子どもたちを連れて毎週、直売所で野菜を売る。ディアップさんは「お客さんと話すのも、子どもたちと一緒に販売するのも楽しいの」と笑顔を見せる。高校生の子どもは、友人や恋人を連れて来て直売を手伝う。

■**親世代と　技術伝え経営継承**

シグチューナー市でオート麦などを栽培するクリスチャン・スウェンソンさん（34）は、地域の農家と共同で機械を所有しコスト削減を目指す。２００ヘクタール超の農地

クリスチャンさん㊥夫妻の活動を見守るヨハンさん（シグチューナー市で）

直売所でこどもと一緒に野菜を売る農家のディアップさん㊨（ストックホルムで）

を持つヨハン・ヘルグレンさん（58）の下で14歳から修業し、農地を継承した。

クリスチャンさんは「農家はもっと開かれるべきだ」と考え、農場のイベントや直売所、消費者への講演など生産だけにとどまらない多様な農業を実践する。そんな姿に「未来に歩む農家として尊敬している」と見守るヨハンさん。若者を信頼する親世代が挑戦を支えている。

■資源化と　ごみ再生エコ推進

環境教育に力を入れ、ごみの分別が徹底されているのもスウェーデン社会の特徴だ。南部の14自治体が経営し、全家庭からごみを収集するマルメ市のリサイクル会社「シーサブ」。現在、ごみの92％をバスの燃料や肥料、土に再生させる。同社教育担当のアン・ネールランドさん（26）は「循環の大切さを説明する時、廃棄するジャガイモの皮が芋の栄養になると話すわ。自然に配慮して生きていく気持ちは、若い世代に強い」と笑顔で話す。

■狩猟者と　獣害防ぎ地域ケア

イノシシやヘラジカの食害などによる森林や農業被害が多発している。イエムトランド県の

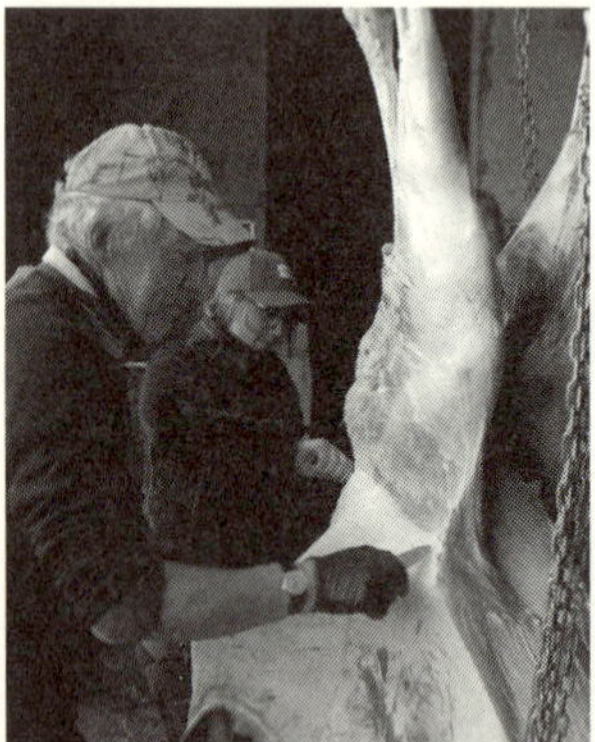

サラさん㊨は先輩ハンターから内臓を取る技術を教わる（イエムトランド県）

農家や住民らでつくる狩猟チームは休日になると、定期的に狩りに出掛ける。若者や女性のハンターをどう育成していくかが課題だ。「狩猟は地域のケアになる大切な仕事よ。でも練習しなければ技術は身に付かない」とチーム最年少のサラ・ハコネンさん（25）。熱心に先輩たちに技術を教わる。

マーティンさん㊨は、年下の経営者と経営方針についてもいつも議論する（ヨンショーピング市）

■経営主と　年下でも尊敬の念

南部のヨンショーピング市近郊の酪農家の従業員、マーティン・ゴーランソンさん（30）は経営者であるいとこより年上。しかし、年齢や主従関係は意識したことがない。マーティンさんは「若い農家は、誰もやったことのない新しい挑戦を恐れない」と未来志向だ。

■〝女子〟と　農家以外農高生に

農業系高校に通う女子生徒たち「ノケジョ」が増えているのは、スウェーデンも日本も同じだ。最近では農家出身でない女子生徒が、環境問題、小動物や馬の世話、農林産品の販売に興味を示し、農高を目指す傾向にある。ニンショーピング市のバスマ・モストファさん（16）は「祖母が農家だったから憧れがある。将来は馬を飼育したい」と見据える。

第8部

若者力

「若者力」キャンペーンは、次世代の担い手である若者の行動と意識を追いながら、農業・農村の未来を描きます。これまでの既成概念にとらわれない若者の発想とその動きは、新たな風を吹かせ、地域に〝化学変化〟を起こします。「若者力」が社会を動かし、地域を変える大きな原動力となる可能性を提起し、若者が活躍できる農業・農村の在り方を追求します。

1 「かみなか農楽舎」が未来を変えた──福井県若狭町の挑戦

農を志す若者が続々と集まる町がある。福井県南西部に位置する若狭町だ。ここ十数年で新規就農した20、30代の25人が、いまや町全体の農地の1割をカバーするまでになった。その面積は230ヘクタール。東京ドーム50個分にも相当する広大な農地だ。高齢化で耕作放棄地化が進みかねない地域農業を「若い力」が大きく変え始めた。

東京都府中市出身の富永雄二さん(39)と神戸市出身の山本謙さん(29)は「たごころ農園」で朝から農作業に励む。高齢化が進む町の農地を守りたいと、地元のベテラン農家との共同出資で立ち上げた合同会社だ。米麦を主体にソバやネギの栽培を手掛ける。

設立から10年──。設立当初は8ヘクタールだった農地は現在43ヘクタールにまでなった。2018年は50ヘクタールに迫る勢いだという。豪雪地帯の町とあって、離農したり、経営規模を縮小したりする高齢農家がいる。耕作放棄地にならないよう、農地を引き受ける。その繰り返しで、経営規模を拡大してきた。

「集落から頼りにされている。そう実感できるようになってきたよ」。山本さんは喜びをかみ締める。

同農園は若者の力を生かそうと、情報通信技術に目を向ける。20、30代の社員3人がドローン（小型無人飛行機）を活用し、今夏から防除に導入しようと準備中だ。

■新規就農者で230ヘクタール　全農地1割カバー

「40歳までに年間売上額を2000万円にする。それが目標だ」。梅を栽培する渡辺直輝さん（30）は意気込む。

就農は21歳の時。梅を栽培していた祖父母の経営を引き継いだ。引き受け手がいなければ、放棄園になりかねない。せっかくの梅産地が廃れていく。その危機感が〝孫就農〟につながった。

どうやったら梅で稼げるのか。祖父のように生産だけでは難しい。そこで直売や加工に力を入れる経営に切り替えた。栽培面積も就農時から倍増の3ヘクタールになった。ようやく軌道に乗り、売り上げ

若者たちの学びやとなっている「かみなか農楽舎」。飛躍するための力を蓄える場所だ（福井県若狭町で）

も徐々にアップしてきた。

「地元を離れる必要なんかない。それを、食える農家になって証明してみせる」。同級生の多くが都会に出ていった就農当時、そう決意した。

農業生産法人を立ち上げたり、後継ぎのいない農家の経営を引き継いだり……。「農家出身ではないが、就農したい」という若者が既に25人も、この町で夢を実現している。

この町をなぜ就農先に決めたのか。そう質問すると、誰もが口にする農業生産法人がある。「かみなか農楽舎」だ。

ここには就農を志す若者を受け入れる研修制度がある。農業を学び、農村で暮らす。2年間の研修を通じ、卒業するころに自然と仲間として地域に溶け込める。

富永さん、山本さん、渡辺さん……。夢を実現した25人は皆、農楽舎の卒業生たちだ。

■継承――親方との8年

午前8時。かみなか農楽舎の朝礼に、研修生や社員ら若者たち10人と地元農家が集まる。田植えに向けた準備や農機の手入れなどの作業を確認し、圃場《ほじょう》に向かう。

「大変な作業もあるけれど、農業が苦しいと思ったことは一度もない。集落の草刈りや運動会も新鮮。都会の生

亡くなった「親方」との想い出を語る深川さん。遺志を継いで農地を守る決意だ

活より、断然楽しい」と千葉県市川市出身の研修生、伊藤伸悟さん（20）は毎日張り切る。京都市出身の市川貴浩さん（29）も「農村は閉鎖的じゃない。集落の人はいつも声を掛けてくれる」と笑顔だ。地域に溶け込み、前向きに農業に取り組む。

かみなか農楽舎は、農家の人材育成の場として２００１年に設立。行政、企業、集落が出資した。米麦、野菜など42ヘクタールの圃場が学びの場だ。1年目は栽培技術を実践で習得、2年目は現場責任者として栽培から販売までを担う。共同生活し、地域への行事に積極的に参加する。卒業後は、資金や農機、住まいに対する町の支援を利用。25人が町内で就農し、農地を守る。

卒業生の一人、京都市出身の深川寛朗さん（33）は、農家の故・橋本佐太郎さん（享年77）と神谷農園を共同で設立した。18ヘクタールで米や麦などを栽培する。血縁関係のない深川さんに、後継者を探していた橋本さんが経営を託した。

深川さんと橋本さんは8年を共にし、毎晩のように語り合った。その内容は、農作業のこつから納屋の配電にまで及ぶ。

橋本さんは2年前に亡くなった。その直前、麦の収穫を見るために、入院先の病院からタクシーに乗って車椅子で圃場に駆け付けた。「上等やな」。きつそうにしながらも必死に声を振り絞り、笑顔を見せた。深川さんの目に、その時の表情が焼き付いている。

「地域の人から愛されて、機械の故障も全部自分で治す器用な親方だった。地域の人に任せてもらっている田んぼは、親方の名に恥じぬよう守っていく」と決意する。

■今は大切なパートナー　農地守る意味　胸に

農家が先祖代々受け継いできた農地。その思いを、若者たちは受け継ぐ。

大阪市出身の八代恵理さん（35）には、忘れられない思い出がある。農楽舎の研修生だった十数年前、耕作放棄地を耕し田植え作業に汗を流していた。すると高齢の男性が車から降り、八代さんの所まで歩いてきた。

「田んぼ、やってくれてるんかぁ」。今にも泣きそうに顔をしわくちゃにした男性は、その農地の地主だった。ポケットから出した黒あめを渡し、八代さんの手を握り締めた。「農地が復活し、田植えされているのがうれしかったのだろう」と八代さんは振り返る。

男性は既に亡くなったが、一粒のあめに込められた農地を守る意味を、八代さんは胸に刻む。

農楽舎は、卒業生の活躍で今でこそ地域に受け入れられた。だが、当初は議会や地元から「都会の若者が農業を続けられるはずがない」との声が多かった。

「かみなか農楽舎」の下島代表（前列右から３人目）の下に集まった八代さん（前列右端）ら若者たち

合同会社「たごころ農園」を立ち上げた倉谷代表（左から２人目）と若者たち（福井県若狭町で）

卒業生と合同会社「たごころ農園」を設立した農家の倉谷典彦さん（71）も、当初は若者を受け入れる方針を疑問視していたが、今では大切なパートナーと位置付ける。「農業に対する固定観念がない若者の力が地域を変えた。若者がいるだけで明るくなる」と笑う。

農楽舎代表の下島栄一さん（68）は「若者たちは施肥や草刈りなど地味な作業も知恵を絞って工夫を凝らし、どんな作業も楽しんでいる。農業は苦しくてしんどいんじゃない、夢がある産業なんだと都会出身の若者から教わった」。

若者が、地域に新たな風を吹き込んでいる。

〈概況〉
福井県若狭町は人口1万5400人で、高齢化率は33％。一部集落は中山間地域に指定され、山に囲まれる。町の基幹産業は農業で、水稲が主体。福井梅発祥の地でもあり、果樹栽培も盛ん。

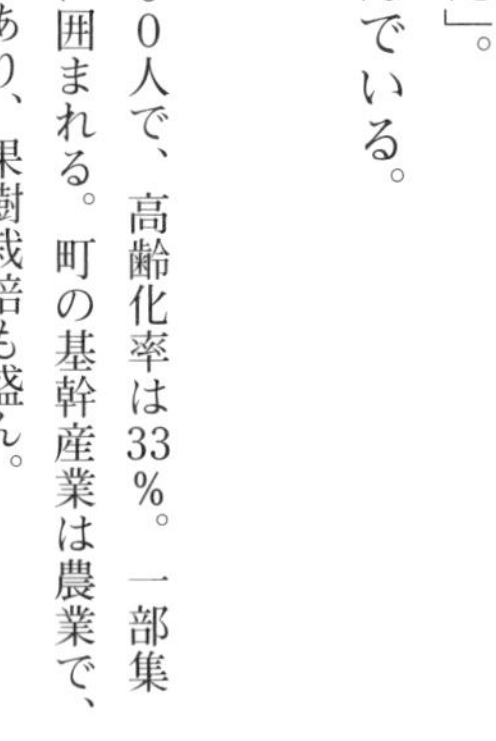

2　大分県竹田市　職業多彩、世帯主の7割　40歳以下

大分県の山あいに位置する竹田市に、若者が集まっている。7年間で159世帯289人が移

住し、その世帯主の7割以上が40歳以下だ。農家、芸術家、デザイナーなど多彩。新規就農者の力で、トマトの生産量が増加した他、荻地区の保育所では園児が増え、建て替えの検討に入った。商店街の20の空き店舗が復活するなど、地域に活気が戻る。「生活を楽しむ移住者を見て、次の移住者が安心して後についてくる」（同市）好循環が生まれた。

■移住者ファーストが奏功、7年で289人

竹田市役所の農村回帰推進室。始業の午前8時30分を待っていたかのように、電話が鳴る。移住希望者からの問い合わせだ。担当の後藤雅人さん（33）は「電話やメールで毎日3件以上の問い合わせがある。この状況が4、5年続いている」と対応に追われる。

市は2009年、全国初の「農村回帰宣言市」を掲げた。農村移住を支援する「ふるさと回帰支援センター」（東京都千代田区）と行政で初めて協力協定を締結。13年に移住促進の東京オフィス（港区）を開くなど、働き掛けを強めてきた。同時に、常時200戸以上の空き家を空き家バンクで移住者の住居を確保。空き家や空き店舗の改修費補助など支援策を充実してきた。

使われなくなった建物を改装したレストラン「RecaD」には移住者が集まり、交流の場になっている（大分県竹田市）

■手厚く就農研修　トマト増産

いつかは農業をやりたい――。和歌山市出身の岸本聡司さん（36）はこの思いを抱き続け、竹田市にたどり着いた。京都大学で養液栽培を学び、九州大学大学院で土壌微生物学を専攻。愛媛県の種苗会社に就職後も、気持ちは変わらなかった。

行動を起こしたのは27歳の時。大分県に絞り、30カ所以上を回った。決め手は、同市荻地区の新規就農者トレーニングファーム「とまと学校」。雇用型で月給を得ながら生産・経営のノウハウを2年で習得できる。「卒業生が独立し、軌道に乗っていた。これなら自分もと思った」（岸本さん）。34歳で移住した。

同校は、行政やＪＡなどで10年に設立した。11人が卒業し、ほとんどが荻地区で就農。ＪＡおおいた豊肥事業部トマト部会に加入する。部会の共販量は16年度が約２７００トンと、前年度に比べ約３００トン増えた。「新規就農者の力が大きい。部会のいい刺激になっている」(同事業部園芸課)。

夢をかなえた岸本さんは、ハウス１棟（33アール）でトマトを生産する。独立から１年。２０１６年8月には、２人目の子どもが生まれ、妻の朋子さん（35）と４人家族になった。「竹田

トマトハウスに集まった岸本さん一家。「竹田市に移住して、本当によかった」と、しみじみと話す（大分県竹田市で）

でよかった。トマトを基本にいろんな作物に挑戦し、地域に貢献したい」と意気込む。

若者の増加は、地区の保育園にも波及した。11年に70人台だった園児が、14年には100人を超えた。定員は95人が目安のため、建て替えに向け、検討が進む。倉原準一園長は「子どもが増えるとうれしいね。地域の祭りなど行事も盛り上がる」と笑顔で話す。

■ **空き店舗が復活　改修費助成**

多様な受け入れ態勢が若者を呼び込んでいる。14年から、廃校となった旧竹田中学校の教室を若い芸術家に提供。画家や彫刻家、陶芸家など10人が創作にいそしむ。竹を使ってアート作品を作る鳥取市出身の谷口倫都さん（30）は13年に移住。「自然豊かで静かなので集中できる。他の芸術家と話ができることも大きなメリット」と言う。

若者が集まり、4年間で20の空き店舗が復活した。レストランやパン屋、ギャラリーショップ、古本屋――。改修費の助成などで市が支援し、閉まっていた店のシャッターが開いた。

Uターンした小林孝彦さん（35）は元クリーニング店を改修してイタリアンレストラン「ReCaD（りかど）」を開いた。「空き店舗の復活で

廃校を利用したアトリエで竹細工を手掛ける移住者の谷口さん（大分県竹田市で）

竹田が面白くなったと思う。かっこいいとか、面白いといった魅力がないと人は集まらない。その点で竹田はいい方向に変わってきている」とみている。

過疎化に悩む全国の市町村から竹田市に対し、「どんな秘策があるんだ」との声が上がるという。その問いに市役所の担当、後藤さんは「秘訣《ひけつ》はない」と答える。強いて言えば、「人と人のつながりが大きな渦となって、また人を引き寄せているんですかね」。

3 「母の日参り」全国に　和歌山・ＪＡ紀州青年部名田塩屋班

全国チェーンの生花店の店頭でこの時期目にするようになった「母の日参り」をＰＲするポスター。母の日に、亡き母をしのんで墓参りする新しいライフスタイルを提案したのは、和歌山県の20人の若手花農家だ。ＪＡ紀州青年部名田塩屋班が、花の新たな需要をつくろうと仕掛け、ＪＡグループや行政を味方に巻き込んだ。連携の輪は線香メーカー大手の「日本香堂」や生花チェーンの日比谷花壇などにも広がる。若者の突破力が業界を動かした。

母の日を３週間後に控えた22日の東京。「フラワードリーム２０１７」に、そろいの法被を着た4人の青年部員が意を決して臨んだ。2日間で約5万人が訪れる日本最大級の花の祭典は、「母の日参り」をPRする絶好の機会。2日間ずっと立ちっぱなしで宣伝し、最後はくたくたで倒れそうだった。JA和歌山県農果樹園芸部の岡田正道課長は「やりきった。彼らの情熱と行動力には驚かされる」と感心する。

同市は、スターチスのトップ産地。そこで活動する青年部名田塩屋班は、花農家の後継者でつくる。「母の日参り」のきっかけは、10年前の3月。居酒屋での部員のつぶやきだった。「花産地だからできる活動って何だろう」

■家族の絆取り戻す

春は3月彼岸を過ぎると、仏花需要のあるイベントが少ない。既存のイベントからヒントを探そうと調べると、母の日に目が留まった。起源は、米国の南北戦争。負傷兵を助けた女性の死後、娘が母をしのんで花を贈ったことが始まりだった。

部員の斎藤喜也さん（35）は「これだと思った」と振り返る。当時は虐待やいじめのニュースばかりが流れ、家族の風景が殺伐としていた。「母の日参りで家族のつながりや命の大切さを伝えようと話し合った」

青年部はフラワーボーイズと名乗り、同一柄のTシャツを作成してPR活動を開始。Tシャツには「I♥FAMILY」と記した。「できることは、なんでも」を合言葉に、駅前や地元のイベントに参加。花市場も回り、花店に飛び込み営業もした。だが、思うほど広がらなかった。青年部だけの取り組みに、限界があった。

■〝直談判〟壁を打破

壁を打破したのは、若者の行動力だ。県知事の出席するパーティーに参加できることになり、「当たって砕けろ」（青年部）と直談判した。事前の打ち合わせもない直訴に周囲は慌てたが、これをきっかけに13年4月、県と御坊市、ＪＡ、青年部による「母の日参りプロジェクトチーム」が結成された。

「母の日参り」の商標登録を持つ日本香堂にも熱意は伝わり、パートナーとして連携することを快諾してくれた。14年に共同会見を開き、共に活動することを発表。現在は、大手花小売りチェーンや老舗和菓子メーカー、石材団体など10者が連携するまでに広まった。青年部の寺下大輔さん（32）は「新たな文化として根付かせたい。それが花業界全体を盛り

「母の日参り」の取り組みを広めたＪＡ紀州青年部名田塩屋班のメンバー。今後も活動を続ける（和歌山県御坊市で）

上げることにもなる」と決意を語る。

日本香堂が、母の日参りをＰＲするために流しているテレビＣＭ。女優の高島礼子さんと共に青年部員が育てた「スターチス」もそっと〝共演〟している。

4　ゆず部会　三役30代　ＪＡ高知はた三原支所

若者力

高知県三原村のＪＡ高知はた三原支所ゆず部会は、部長、副部長、監事の部会三役を農外就農の30代の若手に任せ、産地改革に乗り出した。歴代、部会のかじ取り役はベテラン農家が担ってきたが、２０１６年4月に一新。若者の新しい発想に託した。村外から移住する新規就農者も呼び込みやすくなり、インターネット交流サイト（ＳＮＳ）などへの情報発信力が強まり、過疎化が進む産地の立て直しを進める。

部長のバトンを受け取ったのは、大阪市出身の岩崎篤志さん（38）。ともに同村出身で農家以外から就農した杉本勇平さん（35）が副部長に、田渕正悟さん（31）は監事に就任し、若者たちが部会をけん引する。

「フェイスブックで花の開花状況を発信するね」「剪定《せんてい》の講習会を開こうか」。ＪＡ三原支所に集まった若い農家の会話は、未来志向の提案が飛び交う。ひょうきんな杉本さんがジョークを飛ばし、笑い声が絶えない。

人口1600人、高知市中心部から車で3時間以上かかる同村。高齢になった農家らが、かつて米に代わる新たな収入源としてユズを導入した。部会は1999年に発足した。

だが、ライバル産地の台頭や単価の低迷、農家の高齢化や離農……。部会発足時には面積100ヘクタールを掲げ、産地拡大を続けてきたが、現実は50ヘクタール、部会員35人。実現は遠い状況だ。夢が途絶えそうな時だった。

危機感から、ベテラン農家らが本気で話し合いを重ねた。「年寄りだけだと、駄目だと分かっていても昔の話をして前に進めない。若者にわしらの夢の続きをかなえてほしいと思った」と農家の矢野勝三さん（76）。

若い人に託そう――。そんな雰囲気が少しずつ芽生えてきた。JAの営農担当者は「新米部長が意見を言いやすいよう、若い農家で役員を固める。部会全員の意見で決めた」と明かす。

役員が若返った昨年から、部会は〝改革〟を次々仕掛ける。昨年、選果場を新設したのを契機

部長の岩崎さん（右）ら役員と新規就農者、ベテラン農家。部会運営に、老若男女の意見が生かされるようになった（高知県三原村で）

に出荷体制を刷新。出荷の時間や選果員の配置など自動選果にする上でのルールを新たに作った他、視察に行けば、学んだ技術を部会で共有する。

ＳＮＳをフル活用し、外部に向けた発信に力を入れる。部長の岩崎さんの妻で同村出身の浩子さん（38）の発案で、4月から部会のフェイスブックを立ち上げ、産地の様子を紹介。ＳＮＳでつながった都会のシェフを招いた料理教室やレストランも企画した。

部会は、農業公社、役場と連携して移住者を受け入れ、担い手に育てる仕組みも２０１７年から本格始動させた。住民から公社が園地を借り受けユズを栽培し、新規就農者がそのユズを引き継いで栽培することで、初期投資なく参入できる。部会の若者は、移住者と年齢が近く、より親身に積極的に相談に乗っている。

京都市から移住した新規就農者の岡村優良さん（27）は「若い先輩が活躍していて都会よりエネルギーがある。同年代で相談しやすかった」と感謝する。現在も、３人の若者が将来の担い手を目指し研修中だ。

選果場を新設したことで、２０１６年の販売高は３６００万円と前年比1・5倍になった。産地の武器は、規模は小さくても若い農家が複数人いて、地域をけん引していること。「派手な取り組みはしていないけれど、笑顔が増えたのが成果。目の前の課題を解決する一歩を大切にし、新規就農者を増やしたい」。ニューリーダーの岩崎さんが新たな目標を見据える。

■ＪＣ総研　和泉真理客員研究員の話

部会三役を農外就農の若者に任せる事例は、全国的にも珍しい。若者に部会運営を任せることは非常に意義がある。住民の危機感が背景にあり、若者を育てようと地域が合意したのだろう。負担を押し付けるのではなく、実権まで与え若者力を育むことが鍵となる。

5　過疎自治体　4割で30代女性増加　個性生かした地域志向

過疎指定を受ける全国の自治体の4割に上る自治体で30代の女性が増えていることが、持続可能な地域社会総合研究所の調査で分かった。特に西日本で離島や山間の自治体でも若者世代の人口が増える傾向にあり、男性よりも女性が顕著だった。都会に転出し、人口減少が加速化しているとされる過疎地だが、若い女性が子育て環境などを求めて農山村を志向する兆候が明らかになった。

■離島や山間地西日本が顕著

同研究所が独自の地域人口ビジョンシミュレーションシステムを使い、２０１０年と15年の国勢調査を基に全国の過疎指定自治体７９４の人口移動を調べた。10年の25～34歳女性と15年の30～39歳の女性数を比較したところ、５％以上増加した自治体は１１６に上った。増加率０～５％の自治体の２０９を合わせると３２５自治体となり、過疎指定自治体の４割を占める。

高い増加率を示したのは、鹿児島県十島村（増加率１２９・４％）や島根県海士町（47・４％）、新潟県粟島浦村（25％）といった離島、高知県三原村（24・４％）、長野県北相木村（37・５％）などの山間の自治体だった。

西日本が顕著な理由について、同研究所は「集落営農組織や地域運営組織、自治組織など次世代に向けた地域の仕組み作りに先行して力を入れてきた基盤があ

（持続可能な地域社会総合研究所の資料を基に作成）

る」と説明する。

過疎自治体のうち、30代男性の増加率が5％以上となったのは105自治体、増加率0～5％が197自治体で合計302自治体だった。女性をやや下回ったが、ほぼ同じ傾向を示した。

同研究所の藤山浩所長は、子育て世代が増加している地域の共通点を「移住の補助金の多寡ではない」とし、「森林活用や子育て環境の保持、小さな拠点の形成など自分たちの暮らし、個性を大切にした地域づくりに特化している」と指摘する。

一方で、子育て世代が減少傾向にある自治体は、工場誘致など規模の経済に依存している傾向があるとみる。同研究所は今後、若者世代の増加率の高い現場を訪れて調査し、過疎自治体同士が学び合う仕組み作りを目指す方針だ。

30年後の45年に人口が安定化するために必要な定住増加人数も試算した。既に安定化を達成している自治体と、15年の総人口から0～1％の増加で達成する自治体を合わせると325に上り、4割を占めた。藤山所長は「移住者を急激に増やす必要はない。人口の1％を取り戻せば人口は安定することが改めて分かった」と強調する。

総務省の調査でも30代の女性が過疎自治体で増えている傾向が確認できている。同省では今後、30代の女性がなぜ過疎自治体に向かっているか要因を分析し、過疎対策につなげていく方針だ。

6　農業革新　30代けん引　ＩｏＴやＩＣＴ駆使

30代の若者たちが、ＩｏＴ（モノのインターネット）や情報通信技術（ＩＣＴ）を生かし、農業向けのサービスを相次いで開発している。熟練農家の優れた営農技術を継承するシステムや、鳥獣害対策のわな監視サービス、家畜疾病の兆候検知など、若い感性が生きる。農業を成長産業とみる若者が、新たなビジネスに乗り出している。

ＩｏＴサービスを手掛けるエコモット（札幌市）は、鳥獣害対策として囲いわなを定点カメラで監視し、パソコンやスマートフォン（スマホ）で鹿を確認してからゲートを閉められるシステムを提供。ビニールハウス内の温湿度を収集し、設定値を超えるとスマホにメールが届くシステムや、飼料タンクや重油タンクの残量を把握できるシステムなども開発した。

代表の入澤拓也さん（37）は高校卒業後に米国でＩＴを学び、帰国後の２００７年に同社を設立した。「ＩｏＴは人で言う五感。ＡＩ（人工知能）やロボットと組み合わせ生産効率を高められる」とみる。今夏には北海道内外の企業と連携し、「北海道ＩｏＴビジネス共創ラボ」を発足。ビジネスの幅を広げた。

ファームシップ（東京都中央区）は、ＩＣＴを活用して葉物野菜を生産・管理する植物工場や、農産物の需要を予測するシステムを開発した。同社は農家の長男として生まれた安田瑞希さん（36）、同じく農家出身の北島正裕さん（37）が14年に共同設立。安田さんは「最先端技術を使うことで多様な人が集まる魅力的な産業にしたい」と見据える。

ファームノート（北海道帯広市）代表の小林晋也さん（37）は16年、牛の疾病や発情の兆候をＡＩが分析し、検知する製品を発売した。「持続可能な農業を実現したい」と、農業や農家の生活に貢献したい考えだ。

Ｇｉｔｏｂｉ（東京都世田谷区）の最高経営責任者を務める小野寺類さん（32）は、16年からＩｏＴとＡＩを活用した果樹の新サービスの確立を目指す。熟練した農家の技術をＡＩに学ばせ、気温や湿度、二酸化炭素量を探知する他、ＩｏＴで太陽光の強さに応じて水や肥料の量を調節するシステムを開発中だ。「日本の果物を世界中で食べられるようにしたい」と小野寺さん。半年後の製品化を目指す。

若手経営者によるＩＣＴ系のベンチャー企業が農業分野に進出する潮流について、農水省政策課技術政策室は「ベンチャーの活力は欠かせない。ＩＣＴを生かすことで若者に営農技術を継承しやすくなる」と効果を期待。政府として支援していく方針だ。

7　若者力発揮宣言　輝き　農村　未来へ　農村文明創生日本塾

若者の挑戦が刺激となり、それが農村部の活性化につながる。人口5万2000人の富山県西部の南砺市。若手農家はつながり合いながら、前を向く。

若者力

■夢実現

石村修子さん（39）は、父親の花き農業を継いで花農家になりたいという小学生からの夢を実現させた。就農17年。栽培だけをしていた両親の時代から経営を一新。寄せ植え教室や食べる花の栽培、フラワーアレンジメントなど新機軸を打ち出す。「面積を増やさずに楽しくつながる農業をしたい。花のある暮らしを地域に、都会に、広げたい」と元気いっぱいだ。都市住民や一流ホテルらに顧客が広がっている。

手塩にかけた色鮮やかなシクラメンを手に微笑む石村さん

■暮らし

地域おこし協力隊として、横浜市から3年前に移住した伊勢谷千裕さん（38）。絵本作家だったアーティストの経験を生かし、農業と作家、デザインなど多様な暮らしで生計を立てる。雪かきも土づくりも祭りの準備も、地道な作業の連続である農村に「奥深さを感じる」と伊勢谷さん。農業専業ではなく複数の仕事を掛け合わせ、この地で生きていく。伊勢谷さんはデザイン力を生かし、市や農産物をＰＲするポスターを作成。市を訪れる人が増え、農産物販売の拡大につながった。

■仲間と

百生真さん（32）はフリーターなどを経て、祖父母のサトイモ農家を継ぐ新規就農者だ。就農直前の27歳で祖父が急逝。分からないことだらけだったが、地域のベテラン農家、同世代の仲間、試験場、行政、複数の県内ＪＡが支えてくれた。「農業は人との関わり、地域との関わりが欠かせない。それは楽しい」。

伊勢谷さんが制作に関わったアート作品は地元の商業施設に飾られ、訪れた人を楽しませている

幼なじみの渋谷さん㊧と百生さん。冗談を言い合う気の置けない仲間だ

百生さんが就農したことで、地域の農産物直売所が活気づいている。

水稲27ヘクタール、大麦10ヘクタールなどを栽培する渋谷智文さん（34）は、父から継いで、29歳で法人化して経営を切り盛りする。「動きが早くて固定観念にとらわれないのが、若者力。若者力を地域農業に生かす」と主張。県や地域の会議に参加し、若手農家のリーダーとして積極的に発言する。

同年代の農家と耕作放棄地で野菜栽培に挑戦するなど、活発に活動する。「一番の目標は、田んぼの水に山々が映し出される美しい風景をずっと守っていくことかな」。

若者の夢はたくさんある。その実現を自治体が支える若者力発揮宣言。若者と共に、農村地域の新たな挑戦が始まる。

農村文明創生日本塾　自治体などが宣言

全国200の自治体と農村研究者ら20人が賛同する「農村文明創生日本塾」（代表＝田中幹夫南砺市長）は28日、富山県南砺市で地方セミナーを開き、「我がムラ若者力発揮宣言」をした。本紙「若者力キャンペーン」に共感した動きで、若者らの声を生かし、農村再生に向けて具体的に行動を起こしていくことを誓った。

農村文明創生日本塾地方セミナーで意見を交換する若手農家（28日、富山県南砺市で）※写真違う

宣言は、①若者の移住を応援し、「関係人口」づくりに向けた政策立案、企画に力を入れる②若者の声に意識的に耳を傾け、共有し、生かす仕組みづくりを目指す③若者ならではの地域課題解決に向けた活動を応援する④農村文明の精神を次世代の若者に積極的に伝え、普及していく――ことを打ち出した。

スピーチで農村文明創生日本塾の安田喜憲塾長代理は「自然から収奪する文明ではなく、農山漁村には循環型の文明があり世界が注目している」と指摘した。

パネルディスカッションには、地元南砺市で農業を営む若者が参加し意見を交換した。「地域の人に農業を通じて恩返ししたい」「地域発展と営農が分離されている。行政に丸投げするのではなく、自分たちでどう発展させるか話す場をつくってほしい」など今の思いを語った。

セミナーには若手農家や行政関係者ら県内外から40人が参加した。

8　田園、農へ――流れ加速

農村への移住情報を提供するふるさと回帰支援センター（東京・有楽町）に寄せられた相談件数が２０１７年、センター開設以来初めて３万件を超えた。10年前の13倍と移住相談件数は増え続け、「田園回帰」の動きが加速している。20、30代の相談者が増加傾向にある。各県の移住相談会の開催回数が増えていることなどが後押ししている。同センターを通じた農家と若者の出会いが山梨県笛吹市で農業の経営継承につながるなど、新たな縁を結んでいる。

■地元も就農歓迎　経営継承　視野に　山梨県笛吹市

大野さん夫妻

山梨県笛吹市。畑の脇にあるプレハブの農作業小屋で、ベテラン夫婦と若い夫婦が談笑する。まるで親子のよう。2組の夫婦を運命的な縁がつないだ。

16年3月。笛吹市で葉物野菜を1・7ヘクタール栽培する農家、宮川良雄さん（71）の妻・節子さん（70）は、移住希望者の中から自身の後継者を探そうと同センターを訪問した。「農業は一から始めると大変な時間とお金がかかる。技術や農機具など自分の財産を受け継いでもらいたい」。良雄さんの強い思いを受け止め、節子さんは同センターに向かった。

偶然にもちょうど同じ日、時間差で横浜市出身の大野拓己さん（29）は妻のみかさん（28）と移住相談に訪れた。子育て環境や農業への興味から、農村への移住を決断した。

相談を受けた「やまなし暮らし支援センター」の移住暮らし専門員・倉田貴根さんは、宮川さ

ふるさと回帰支援センターへ
寄せられた相談件数

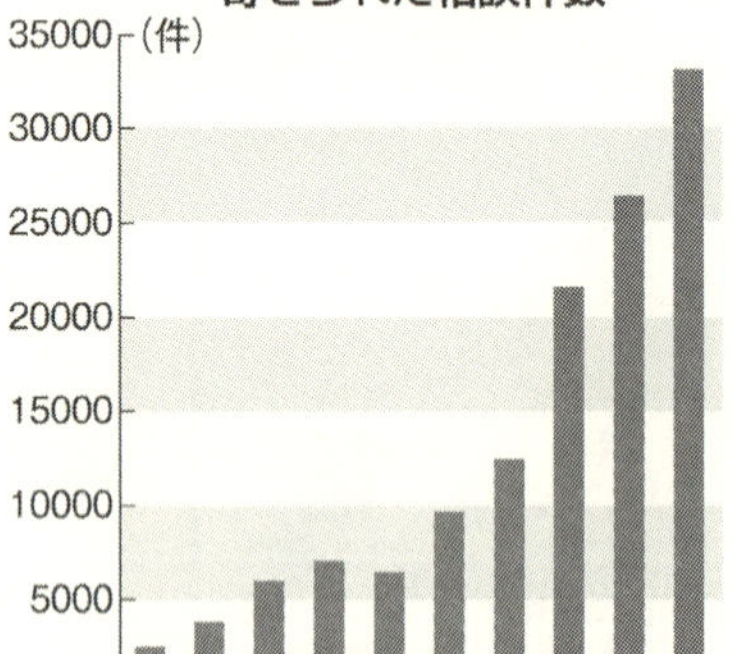

ん夫妻を訪ねるよう助言した。

笛吹市を訪れた大野さん夫妻は移住を即決。「地元の優しさと、野菜のおいしさに感動した」と拓己さんは振り返る。東京都内の広告会社を退職、16年6月に移住した。

良雄さんは農業歴53年の大ベテラン。大野さん夫妻の師匠だ。19年中の経営継承を目指し、営農や経営の指導を受ける。血縁関係がなく世襲を超えた継承は、県内でも珍しいという。「若い人が来てよかった。地域の農業の方向性が見えてきた」(良雄さん)。

宮川さん㊧から葉物野菜の見極め方について指導を受ける大野さん(山梨県笛吹市)

大野さん夫妻には17年6月、長男の暖（はる）君が誕生。規模拡大を目指して、将来の法人化と正社員雇用を視野に入れる。地元スーパーに全量直接出荷しているが、将来は販路拡大も考える。拓己さんは「移住してよかった。周囲には耕作放棄地も多いので、いろいろな人を巻き込んでいきたい。また、家族の時間もつくり、子育てにも継続して協力していきたい」と新たな生活環境を楽しんでいる。

■移住相談3万件超　20、30代半数近く　17年　ふるさと回帰センター

同センターの17年の相談件数は３万３１６５件で、前年より７０００件近く増加した。特に20、

30代の相談者が増えている。08年は20、30代の割合が合計16％だったのに対し、16年は45・9％まで上昇。17年も同様の傾向が続いている。その背景として同センターは、リーマン・ショックや東日本大震災、地域おこし協力隊事業の広がりなどが要因と指摘する。

同センターの嵩和雄副事務局長は「20代後半の若者の相談が多い。転勤や結婚などライフステージの変化のタイミングで、東京の価値が相対的に下がるために、地方移住を考えるのではないか」と分析する。

9　農業・農村の未来描く　夢をつなぐ仲間
座談会　地域実践　課題語る

日本農業新聞は１９２８年の創刊から２０１８年3月で90周年を迎えた。記念キャンペーン「若者力」では、農業に可能性を見いだし、新しい価値観を持ちつながっていく若者の姿や育む地域、人々を取り上げてきた。農村に生きる若い世代や識者、若者を受け入れる農家らが、若者力のありようや支える地域の形について座談会で語り合った。なぜ今、若者は農村に目を向け、農業で何を実現しようとしているのか。若者の力とは。若者を受け止める地域はどうあるべきか。現場の実践者らに聞いた。

――どんな若者が農村を目指し、移住するのでしょうか。

武藤　私たちの地域は福島県の阿武隈高原の中山間地にある。移住者はここへ「暮らしを変えたい、生活を変えたい」とやって来る。成功を求め続ける生活より、質素で穏やかな生活に喜びを感じる人が多いようだ。

国は農業の大規模化や農産物の輸出などを推進しているが、正反対だ。移住者はみんな裕福ではないが、自分の食べ物は自分で作り、余ったものをお裾分け程度で販売しながら生活している。

秋山　地元の岡山県総社市は小さな桃産地だが、若者が移住を含めて毎年数戸入っている。大学を卒業してすぐの人、大手企業の人など幅広い。40歳未満が多く、年々その傾向が強まっている印象だ。後継ぎと新規参入で違うが、「自分で何かやりたい」という人が多い。「稼ぐ」という目的はあるが、地域の誇りを持って仕事をしたいという思いが強い。先日は、実家が農家ではない地元の若者が初めて就農した。昔から桃の栽培を見ていて、やりたいと思ったという。うれしかった。

佐伯　宮崎県高千穂町には20、30代前半のUターン者が結構いる。今や、どこへ行っても都会と生活は変わらない。地元に帰れば親のそばで子育てできる。農業したい旦那を連れて帰った看護師の同級生や、「誰々先輩が帰っているから帰ってきた」という人もいる。美容師の子が帰ってきて店をオープンしたら、センスが良くて「ここに行けば大丈夫」と人気店になった。最近は一人でも美容院をやったりパン屋をやったり、農業したり、という子が多い。その子が元気にやっていて、私も一緒にやりたいといった女性が多い。
　２０１７年末、うちの会社に入った若手女性もＵターンだ。大手メーカーで海外へ行き、英国の大学院にも進学して帰国した。「うちの会社はにぎやかで若い人がいる」と聞いて入社を希望したという。みんなで何かをやりたいという思いが強く、農村に帰ってくる人も多いようだ。

岸上　農村志向は以前、「大都市が嫌だから」という人が多かったが、今は「たまには東京、大阪で刺激を受けるけど、暮らすのは地方で十分」という人が多い。和歌山は梅の一大産地だが、20年ぐらい前は梅を買いに来ても売っている場所はなく、梅を食べられる店もない、という状況があった。今、産地で梅を売り、食べられるような店を若者がやっている。

嵩　ふるさと回帰支援センターへの移住相談が、２０１７年に年間３万件を超えた。このうち20、30代が５割を占める。移住希望先は必ずしも農山村でなく、地方都市を含めた地方に目を向けている。皆、移住すると収入が下がることを理解した上で相談に来る。彼らの関心はお金というよりも、地方

岸上光克さん

嵩和雄さん

武藤一夫さん

での暮らしぶりだ。

大都市から実家に近い地方へ帰り、週末や農繁期に実家の手伝いに行くという動きもある。東京が駄目、というよりも東京より地方に魅力を感じる人が増えている。

――どんな地域に若者が来るのでしょうか。

嵩　移住者が増えているのは、地域づくりや都市と農村の交流を続けていて「よそ者に慣れている」ところが多い。移住者に開放的な地域だろう。地域が「何とかしなきゃいけない」と動いている姿が見えるかどうかも重要だ。

「IターンがUターンを誘発する」といった流れもある。Iターンした人が面白く活躍しているのを見て、Uターン者が「自分でもできるんじゃないか」と戻ってくる。行政などが移住の促進事業を熱心にやっているかどうかは、また別の話かもしれない。

岸上　地域が「何とかしよう」と思うことが最も重要だ。田園回帰が起きているところは、「失敗しても何でもいいから動こう」と思った地域だ。「あそこはうまくいったが、ああいう土地柄だ」「キーパーソンがいたから成功した」「うちには人材がいない」と言うだけで動かない地域はうまくいっていない。若者が来るか来ないかは、制度や補助金の違いではない。若者が選ぶ地域は、

秋山陽太郎さん

佐伯絵里子さん

支援制度がなくても来ると思う。

武藤　２０１８年、40代で医師を辞めて移住したいという希望者がいた。今の世の中は働き過ぎだとか、いろいろな問題が多い。だから「ここでよかったら一緒にやりましょう」と声を掛ける。農産物の販売なら、直売所とか有機農業グループの販路とかＪＡとか、いろいろ選択肢を提案している。

多くの移住希望者がいる中で、その地域をなぜ目指してくるのか。移住者に選ばれるには、地域の人が何とかしようという活力が見えるかどうかが大きい。

私たちは、農薬や化成肥料で里山の川を汚すことがないように堆肥センターを造り、その堆肥で野菜を作るという基本姿勢を持っている。それを理解して入ってくる移住者が多い。

――若者力とは、どんな力ですか。

秋山　地元の高齢農家が、後継者がいないため栽培面積を縮小していたが、孫が後を継ぐことになると、再び面積を戻した。若い人が増えると年寄りが元気になる。80代後半でも「若いものに負けたらいかん」と。農業だけでなく、地域社会が盛り上がる。若者が集まれば「面白いことできるんじゃないの」という動きが出てくる。以前は若者に否定的な空気もあったが、今は「遠慮せずやってみい」に変わってきた。

武藤　ここ10年で30人を超す移住者を受け入れた。ある移住者は、生計を立てるために鶏を平飼いして卵を売っている。水田１ヘクタールの全てで米を餌用に栽培して「コシヒカリを食べた鶏の卵」として1個60円で売り、ファンを増やしている。
昔からの農家は「卵は1個20円」と思い込んで、採算を取ろうともがいていたが、移住者は自分のコストをしっかり計上して、その意味を消費者にしっかり伝えて売っている。そうした姿を見て、私たちも考え方が変わってくるなど大きな影響を受けている。

佐伯　うちの民宿へ都会から同世代の会社員が訪れて、「幸せそうですね」と言われたことがある。その時、私は思わず「幸せです」と答えた。その時は、販路が広がっていなくて金銭面で苦しかったが、幸せだと即答できた。
仕事は楽じゃないこともたくさんある。「明日売れなくなったらどうしよう」とか、毎日冷や冷やしている。でも、自分がここで暮らしていることに幸せを感じる。地域をどうにかしたいというわけでなく、実際は自分たちのことで精いっぱい。ただ、商品を作って外に売り、山奥へ仕事をしに町から人が来る。都会から人が訪ねてくる。このことが、地域のじいちゃんばあちゃんに良い刺激になっているとしたらうれしい。

岸上　若い人が地域に入ると、年配者が刺激を受けて新しい考えを持ったり、心が若くなったりして地域全体が変わるステップになる。そこから派生する物事も多い。それを総称して若者力と言えると思う。

嵩　若者力は、地域が若者を生かす力とも言える。移住者が入ると地域は少しずつ元気になる。そのためには、彼らの役割をどうつくるかが重要だ。若者もやがては年を取ることを踏まえ、地域でしっかり考えることが大切だ。

――若者力を育む地域像は　どうあるべきでしょうか。

秋山　若い農家がちゃんと発言できる地域かどうかが大きい。若者の発想や行動に親世代が眉をひそめず、理解しようとする地域だったら、そこを背負おうとする若手が出てくる。「農業ってかっこいいよね」と言えるようになる。総社はまさに、そういうところだ。

岸上　地域の将来を心配し始める年齢というのがある。20、30代の若い頃にはあまり考えないし、40代は子育てや農業で大変だ。それは移住者も同じ。彼らが地域のビジョンを語れる50代になるまで、地域にいてもらう環境をつくることが大切だと思う。

武藤　40、50代は仕事と子育ての板挟みで、生活が現実的に大変だ。しかし、子育てを仕上げる時期でもある。地域の良さや、地域で暮らすという〝DNA〟を伝えないといけない。

嵩　例えば野菜のお裾分けも、移住者と地域の関係づくりに重要だ。もらって「ありがとう」とお礼をしたり、お返しをしたりする中で、地域との関係や信頼がつくられていく。

武藤　私たちにとって、地域の後継者も外から来た移住者も、夢をつなぐ仲間だ。若者がやりたいと願うことを実現してもらうことが、受け入れる地域の役割であり使命だと思っている。東日本大震災で原発事故に見舞われたが、震災後に私たちの地域から去った人はいない。思いを持って地域を目指してくる人の意志は固い。逆にこちらが支えてもらっているという感覚だ。

――ＪＡの役割をどう感じていますか。

秋山　地元のＪＡの執行部は、移住者を含む若手農家との交流会に積極的だ。執行部が若者から意見を聞く姿勢になれば、ＪＡ職員も聞く態勢になる。そうした土壌ができれば、移住者もＪＡと積極的に関わり、頼る流れができると思う。私は桃の販路開拓に出掛けて売り先の確保につなげているが、決して一人の力ではない。「地域の力」として広げることが大切だ。

武藤　販路はいろいろあるが、若い人の方がむしろＪＡに出荷している印象だ。直売所での販売は、出荷物をきれいにして値段を付けて運び込んで、と時間と手間がかかるが、ＪＡ出荷はある程度の調製をすれば、安心して売れる。すぐ現金化してくれるので、経営の下支えになる強みもある。労力と手間が足りない新規就農者は、むしろそういった売り方が賢明かもしれない。

嵩　都会から来る若い移住者は、ＪＡのことをほとんど知らない。どんな役割を持つ組織か、そもそも知る機会がない。移住して初めて、農業をして初めてＪＡとの関わりができる。

岸上　移住や田園回帰を世の中の動きと位置付けて、農業に生かそうと考える幹部や職員が増えてほしい。ＪＡは地域に根差しているのだから、幅広くいろいろな視点から、移住者と関わることも大切だ。

■ 座談会メンバー

むとう・いちお 福島県二本松市在住、66歳。移住者の誘致と受け入れ、遊休桑園を活用した加工品製造販売、農産物直売などに尽力。個人では、ナメコ栽培、菓子パン製造、農家民宿、レストラン経営など複業に取り組む。

かさみ・かずお 45歳。都市と農村の交流促進、地域活性化に取り組む。大学講師兼任、共著『田園回帰の過去・現在・未来』など。都市部の若者が、両親を都会に残して祖父母の住む農村に移住する動きを「孫ターン」と命名。

きしがみ・みつよし 40歳。和歌山大学食農総合研究所で、地方創生に向けた地域資源の掘り起こしと利活用を研究。専門分野は地域づくり戦略、食品流通、ＪＡの販売事業など。著書『地域再生と農協』など。

さえき・えりこ 宮崎県高千穂町在住、31歳。40戸100人の集落で、地元産の米を使った甘酒製造と農家民宿を営む。家族を含め13人の雇用を生み出す。２０１７年は甘酒「ちほまろ」５万本（1本１５０グラム）を全国に販売、売り上げ1億円に迫る。

あきやま・ようたろう 岡山県総社市在住、38歳。同市農業委員。31歳で桃生産組合の組合長に就任し、大阪、東京など大都市への販路拡大と海外輸出を軌道に乗せる。桃の平均単価は5年連続で1キロ１０００円超を確保。

日本農業新聞

https://www.agrinews.co.jp/

日本農業新聞「若者力」フェイスブック
https://www.m.facebook.com/Wakamonoryoku/

若者力

2019年5月30日　第1版第1刷発行

著　者　日本農業新聞取材班
発行者　鶴見治彦
発行所　筑波書房
東京都新宿区神楽坂2－19 銀鈴会館
〒162－0825
電話03（3267）8599
郵便振替00150－3－39715
http://www.tsukuba-shobo.co.jp

定価はカバーに表示してあります

印刷／製本　中央精版印刷株式会社

ISBN978-4-8119-0555-6 C0061